全腦開發！

0~5歲 幼兒五感遊戲書

77個居家活動，
玩出孩子的自律力×集中力×判斷力

監修 ● 東雲蒙特梭利兒童之家、中山芳一
翻譯 ● 童小芳

前言

近年來，無法以考試等方式來評分的能力即稱為「非認知能力」。在這個光靠背誦既定的正確答案或指南已經行不通的時代，這種非認知能力已成為務必發展的一種重要能力。而事實上，早在１００多年前，義大利的瑪麗亞・蒙特梭利便已經為了讓孩子們可以發展這樣的能力而構思出「蒙特梭利教育」。本書著眼於非認知能力與蒙特梭利教育之間的密切關係，說是傑出之作應該不為過。

蒙特梭利教育的目的在於，發展孩子在獨立自主或善解人意等無法評分的非認知能力。換言之，我們無須刻意使用「非認知能力」這個詞彙，因為蒙特梭利教育早已持續嘗試發展孩子的這種能力。在此容我打個比方。

很久以前，某個村莊裡有一名很健康的青年。這名青年總是從山裡採摘黃綠色的草並天天食用。可能是拜這種草所賜，青年從來不曾感冒。不知從何時開始，村人以「蒙特草」來稱呼青年採回來的這種草，並以此餵食村裡的孩子。後來有一天，一位著名的博士聽到蒙特草的傳聞而來到村裡，他發現這種「蒙特草」裡含有大量「非認知Ｃ」，於是開始宣稱：正是蒙特草內所含的非認知Ｃ讓人們得以維持健康！就此釐清，蒙特草之所以能讓人變健康，是因為裡頭含有非認知Ｃ。

換言之，蒙特草（蒙特梭利教育）在培育出健康的身體（獨立自主或善解人意的孩子）上頗具效果，因為可以增加非認知Ｃ（發展非認知能力）——這便是兩者之間的關聯性。自１００多年前以來都確信蒙特梭利教育對培育孩子是有效的，並持續導入教育之中，直到後來才證實，從中發展出來的獨立自主或善解人意等即為非認知能力。更進一步來說，人們漸漸明白，這種能力一直以來都很重要，而往後的時代會更加需要這樣的能力。

有鑑於此，本書會先針對往後的時代愈來愈需要的非認知能力逐一說明。接著從非認知能力的觀點切入，重新解說蒙特梭利教育是什麼樣的教育方式，又有什麼樣的價值。最後再進一步介紹一些添加小巧思而能夠導入一般家中就近運用的蒙特梭利教育，而非以特殊教育機構內所採用的特殊項目的形式來介紹。本書還特地委託30年來致力於蒙特梭利教育的「東雲蒙特梭利兒童之家」的多位老師，協助監修蒙特梭利教育的相關內容，想必在家執行時頗有參考價值。

為了將在未來生存的孩子，希望讀者務必讀完這本蒙特梭利教育與非認知能力交會而成的書，並加以活用！

岡山大學全方位教育　學生支援機構　副教授　中山芳一

透過蒙特梭利教育所培育出的5種能力

1 深思後才行動的能力

在蒙特梭利教育中，當孩子著迷地投入某件事時，會尊重孩子的意願，讓孩子自由去做，大人則從旁守護，不給予任何指示。從準備到收拾為止都由孩子本人執行，在做錯時思考為何會犯錯，直到最後都靠自己的力量完成。經由這樣的經驗，讓孩子學會深思的能力以及執行力。

2 一顆善解人意的心

孩子若能盡情做自己想做的事，內心會感到滿足而情緒穩定。內心充實的經驗不斷累積後，便能善待其他人。比方說，把東西借給朋友、照顧比自己小的孩子等等。唯有自己受到尊重，才能培養出這種善解人意的心。

3 導出該做什麼事的判斷力

在蒙特梭利教育中，會任由孩子本人決定當下要做些什麼事。孩子是自行判斷「自己現在想做什麼？」，而非聽從大人的指示，所以能了解自己的感受。此外，孩子一旦理解應該做什麼？不該做什麼？便可培育出自我控制的「自律心」，在任何場合都能冷靜行事。

4 深度的專注力

如果是喜歡的遊戲或作業，無論周遭如何吵雜，孩子都能全心全意地持續該作業。不僅如此，只要孩子能夠投入自己著迷的活動直到心滿意足為止，便能進一步加深其專注力。在蒙特梭利教育中，準備了各式各樣的活動來刺激孩子的好奇心，透過這樣的經驗，讓孩子親身感受到全神貫注做事情的樂趣。

5 信賴感與情緒的穩定性

蒙特梭利教育會尊重每一個孩子的想法。以遊戲方式為例，由孩子自行決定想做的事，所以孩子會產生安全感，覺得自己的想法與存在是被接納的。有個能理解自己的大人，會提高孩子的自我肯定感，也關乎到情緒的穩定性。

蒙特梭利幼稚園
1995年
畢業

我在幼兒時期感受到出於本能的喜悅，而這些經驗都成為我在喜歡的道路上前行的基礎

餐廳總監 橫山あり沙 女士

親身感受立體的差異，憑感覺來理解體系

我以前非常喜歡跟尺寸有關的教具[※1]，比如粉紅塔、棕色梯、紅長棒等。1號與2號積木相疊，厚度會和3號積木一樣，所以可以把積木筆直地擺在上面，這類發現都會讓我樂不可支。不僅如此，即便是不同的教具，也是依循同一套規則打造而成，所以要結合粉紅塔與棕色梯時，我所發現的這套規則也能派上用場，還記得當時曾為此興奮不已。能將同一套法則應用在看起來不一樣的事物上，這件事激發了我的好奇心。

不受限於學校的成績，往自己喜歡的道路前進

大約是小學2年級時，我在千篇一律的學校教育中感到格格不入，有段時期十分抗拒。大概是覺得學校的評量基準較為偏頗，彷彿在告訴我：妳擅長的事情沒有價值。但是，我並未受限於成績，而是走我自己的路，後來毫不猶豫地進入美術大學就讀。學校應該對我感到很頭大吧，但是我從幼兒時期開始就持續做著自己喜歡的事情。我認為背後的原因在於，我心中一直保有在東雲蒙特梭利兒童之家所體驗到的那份喜悅。

※1 指蒙特梭利教育中所使用的工具。詳情請參考P.64。

老師曾以學校成績的觀點，對我說「要再加油」，但是父母從不曾以此來警惕我。這對我來說是一種救贖，不必因為沉浸在自己喜歡的事物上而遭到否定，或許是因為這樣，讓我產生了「船到橋頭自然直」的心態。我不太會隨波逐流，很感激我的父母竟然能夠不理會世人的評價，總是守護著我。

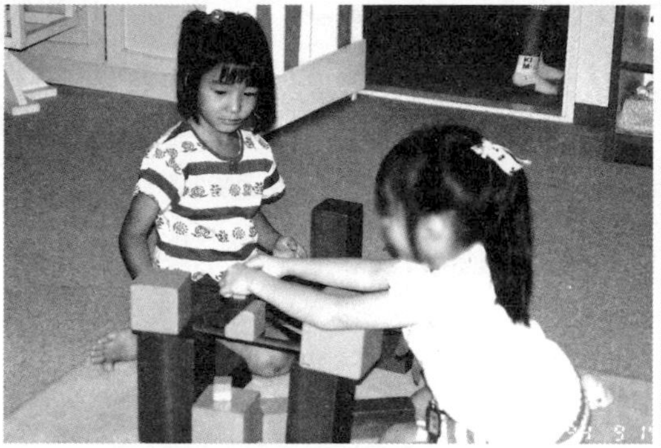
在兒童之家的時期，著迷於粉紅塔的橫山女士（左）。

在幼兒時期找到能讓我出於本能感受到喜悅的事情（活動手指或訴諸感覺的工作※2），是一件很幸福的事。我相信著那份感覺生活至今，現在過得很幸福。雖然煩惱總是源源不斷，但多虧了新組的家庭、原生家庭和朋友，才有現在的幸福。我有幸成為一個能夠吸引這類幸福元素的人，或許是蒙特梭利教育對我最大的影響。

來自父母的留言

了解「察覺」的重要性，讓親子雙方都得以「獨立」

（母親・志おり女士）

我認為蒙特梭利教育對親子雙方都有所影響。若非要我說，最大的影響大概是「獨立」吧。我原本就不是什麼事都愛插手的人，而是督促孩子自己去做，也希望自己能成為這樣的父母。

以日常準備或換衣服為例，孩子當然不會每天都做得很確實，但是看著她試圖獨自完成時，我察覺到「孩子現在想自己做」。應該是認識蒙特梭利教育後，我才能對此有所察覺。

※2　指在蒙特梭利教育中，為了讓每一個孩子「自我形塑」而進行的各種活動。這裡的「工作」是義大利語LAVORO（工作、勞動）的直譯。

蒙特梭利幼稚園
1998年
畢業

我反覆從失敗中學習，並為下一次做好準備，就此培育出不屈不撓的韌性

醫生 白木秀門 先生

小班制且跨年齡的環境有助於學習如何與他人交往

我以前很喜歡製作麵包粉或切蔬菜這類烹飪相關的工作。母親直到現在還會跟我聊到以前在兒童之家烹煮料理的回憶。

同年級含我在內一共5人，在那種小班制的環境中，與其他學童的關係較為親密，因而可以學習如何與人相處。老師也會像親人般對待每一個孩子，在我的回憶中，總是感受到老師滿滿的溫柔。此外，因為是採取混齡托兒制，可以與不同年齡的孩子互動，這讓沒有兄弟姊妹的我獲益良多。

來自旁人的鼓勵成為我堅持到底的力量

其實我是那種對失敗與悔恨之情無法忘懷的類型，所以我總會特別用心，根據自己的這種特質來分析失敗，為下次做好準備，也會盡量找旁人商量，而不是獨自承受。我也是聽從父母的建議，才漸漸學會用心從失敗中學習並為下次做好準備。我認為這種從失敗中學習的態度，也是在蒙特梭利教育的工作中不斷累積而成的。

此外，回顧過往，我想起許多必須堅持不懈地挑戰的場景。有些是可以獨自完成的，但也有

切菜的工作似乎也成為親子共有的回憶。

不少對我來說難度較高。然而，在這類情境中，我仍在老師的指導與鼓勵下堅持到最後。那些經驗如今成為讓我堅持努力到最後的基礎。這點想必和蒙特梭利教育的工作也有所關聯吧。

除此之外，蒙特梭利教育也培育出我的溝通能力、善解人意、同理心、耐力、毅力與韌性。而其中又以專注力為最，在我現在的工作中持續發揮著作用。

我希望活用在蒙特梭利教育中所學，以及至今為止的經驗，成為一名虛懷若谷且能不屈不撓為人診療的急診醫生。

來自父母的留言

他靠著堅持不懈的態度，實現了夢想

（母親・聖代女士）

我覺得他已經學會在問題發生時不輕言放棄，而是思考自己能夠做些什麼。比方說，我們有一次想玩雙陸桌遊，卻沒有骰子。我父母提議改玩別的遊戲，但是兒子卻說「只要畫出展開圖就可以製作出骰子」，就此自製了骰子。我認為是因為兒童之家的老師都不會給予指示，而是讓孩子自己解決。他在鍥而不捨地試錯與摸索的過程中，也培養出處理事情的態度。如果缺乏耐力與堅持不懈的能力，他應該無法成為一名醫生。

蒙特梭利幼稚園
2006年
畢業

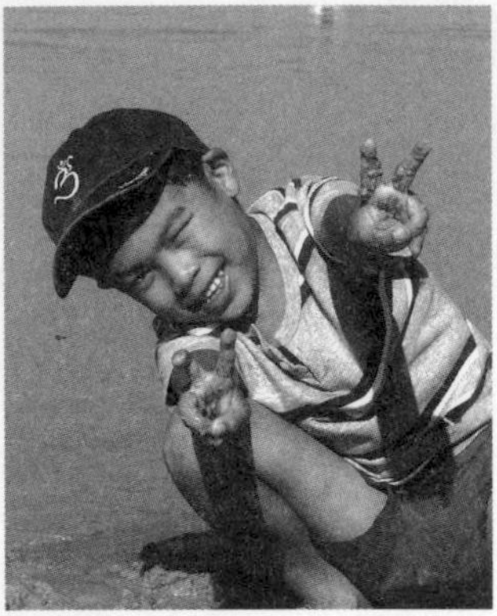

不給答案的環境，讓我培養出獨立思考的能力

東京大學理科三類組 H.S 先生

就連午餐的準備作業都是由學童合力完成

在兒童之家，很多事都會交付給學童去做。比方說，在吃便當時間之前，必須整頓好桌面、移動並用抹布擦拭，這一連串的流程幾乎不會得到老師的協助。孩子們每天都要商討並分工合作來完成作業。我感受得到，這些隨機應變地互相幫助並逐步完成每件事的經驗，讓我培養出責任感與協調性。

在所有工作中，我對一種各以1、10、100、1000顆圓形珠子相接而成的教具比較有印象，可以憑感覺來理解十進位法。我記得玩過銀行模擬遊戲，拿著珠子充當錢來支付，或是思考如何找零。

在家裡也會被敦促要盡量自己思考

參加初中入學考試時必須選擇就讀的學校，我和父母的意見不合，為此爭論了好幾天。我最終貫徹了自己的志願，我總覺得，在人生第一個重大轉折點上，能夠根據自己的選擇來決定學校，與後來多采多姿的校園生活息息相關。

我本來就喜歡按照自己的步調來思考、做事，不靠別人的幫助或救援，我爸媽應該是了解我這種個性，所以在家裡都是採取敦促我自己思考並行動的教養方式。

比方說，當我提出「雲為什麼不會掉下來？」或「聲音是由什麼構成的？」這類單純的疑問時，我爸媽既不會隨便敷衍我，也不會為我解說正確答案，而是交給我「自己想想看」。因為他們不告訴我答案，我只好自己思考，或是透過書籍等來查詢，有些事我會5年甚至10年都一直沒弄明白。然而，我覺得這樣的經驗讓我養成一種習慣，就是不懂的事要靠自己的腦袋思考並找尋答案，換句話說，我已經培養出解決問題的能力。

自己尋找答案的習慣成為一股龐大的力量

回想起來，這種「不給答案」的態度和兒童之家的作法並無二致，在執行工作時，我們不會得到提示，總是靠自己思考答案來完成。投入自己的興趣之中，悠哉享受其中的樂趣，還能同時發揮智力，這樣的環境與自己動動腦的過程才是無可取代的。在這樣的環境下，我從小就養成了思考的習慣，也是我至今為止的思考根基。

當然，即便已經絞盡腦汁地思考，有時還是會失敗。在這種時候，盡快切換思緒已經成為我自訂的鐵則。我很感激能在家中或幼稚園裡悠哉地動腦並養成思考的習慣，這對我來說如獲一生至寶。

領取畢業證書的H.S。

蒙特梭利幼稚園
1999年
畢業

媽媽總是對我說：「妳是很珍貴的。」這些話語培育出我的自我肯定感

護士 藤巻ひかり 女士

可以沉迷其中的時間皆化為鍥而不捨的力量

我喜歡在盡情做自己想做的工作中悠閒地度過。還記得我格外喜愛粉紅塔，曾經很著迷地堆疊。我總覺得，是這樣的環境讓我培養出一旦做了決定就要堅持到底的力量，以及在腦中擬定事情先後順序的能力。

此外，媽媽在任何人面前說到我，都會認真坦然地表示「她是個好孩子，是我的寶貝」。此舉無疑為我建立起自我肯定感，而我本身也變得很擅長稱讚別人。

來自父母的留言

我常在別人面前不斷強調「她是我引以為傲的女兒」

（母親・由美女士）

即便被旁人誤以為是個怪人，我還是相信自己的孩子，無論在任何場合、任何人面前，我都會稱讚自己的女兒。小女應該是很單純地接收這些話語，從而培養出自我肯定感。此外，她上了小學後曾告訴我：「我問朋友『你想玩什麼?』，結果很多人都會回答『隨便』、『都可以』，這讓我很困擾。」我清楚記得當時深有感觸，蒙特梭利教育所培育的，既不是任性也不是以自我為中心，而是能夠明確說出自己的意見的能力。

蒙特梭利幼稚園
2001年
畢業

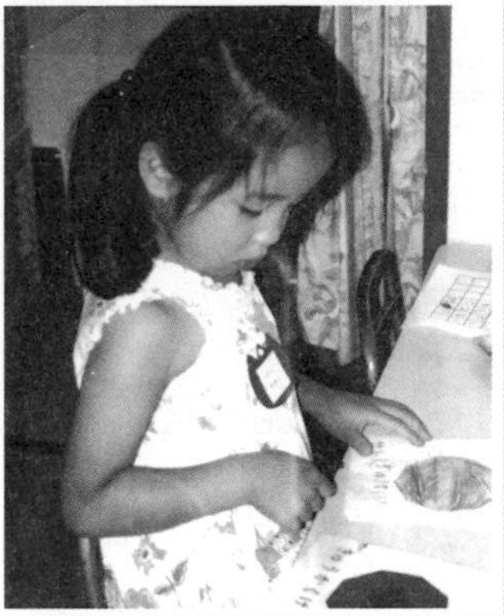

不給答案
而是自己思考，
這些經驗讓我培養出
解決問題的能力

財務稽核人員（僑居舊金山） 辻香緒里 女士

認真執行工作
成了導出答案的一種訓練

在兒童之家時，老師不會告訴我們答案，就算要花多一點時間也必須自己解決問題。不過，多虧這種做法，讓我養成思考如何解決問題的習慣。我在出社會以後，也深切感受到這種解決問題的能力有多麼重要。解決的方法有很多種，但最後都必須導出答案才行。如今回想起來，我認為或許是蒙特梭利教育中的工作，成功訓練我透過各種方法找出答案。

來自父母的留言

在尊重自由的環境中成長為能夠採取行動並做出決斷的孩子

（母親・敦子女士）

我想讓孩子憑自己的意願自由行動，尤其是在幼兒時期，於是決定讓她進入兒童之家就讀。即便是在家裡，我也不會事事發號施令，而是讓她自由地玩積木或樂高等，敦促她多多挑戰，不要害怕失敗，也不要對新事物或不了解的事物心生畏懼。蒙特梭利教育總是尊重「自由選擇」的權利，故而將她培育成能夠依自己的意志行動並做出決斷的孩子。從開始執行工作以來，她似乎也漸漸能夠接納各種多元的想法。

目錄

Part 5

居家蒙特梭利教育的77項學習項目……81

Interview 後篇

「東雲蒙特梭利兒童之家」畢業生的活躍報告……128

赤塚健先生／小川潤先生／I・U女士／中村友香女士／木內惇平先生

Part 1

孩子需要具備的「非認知能力」是指什麼？

「非認知能力」如今已成為媒體等的關注焦點。一般來說，是指無法像學力測驗等以分數來衡量的能力，但具體是指哪些能力呢？此外，一般常說往後的時代需要具備非認知能力，這種說法的背景為何？

從認知能力到非認知能力，學校教育的評量基準正在發生變化！

必從知識的輸入轉為對非認知能力的要求

如今日本的教育正試圖做出重大變革。從2020年度起，小學已經開始推行新的學習指導要領。新的學習指導要領提倡應透過以下3大支柱來培育生存的能力：

①知識及技能

②思考力、判斷力與表達能力等

③向學力與人格等

其中，希望大家特別留意的是「向學力與人格等」。這種「向學力」與「人格」是無法透過考試來評分的。這種無法以分數等加以數值化的技能，即所謂的「非認知能力」。具體來說，耐心持續某些事物的韌性、願意挑戰的積極性、在不如意時轉換心情、溝通能力與善解人意等，這些全都屬於非認知能力。

另一方面，目前為止的學習重心都擺在閱讀、寫作、算數與ＩＱ這類易於用分數來衡量的技能上。因為是容易透過分數來「認知」＝可視化的能力，故稱為「認知能力」，在學校的成績與評量或是升學考試中，一直以來都備受重視。然而，**如今已經開始出現ＡＩ（人工智慧）等各種技術革新，人類需要的不再是認知能力，而是非認知能力。**

要求非認知能力而非學習成績的背景為何？

隨著學習指導要領的修訂，大學入學考試也即將產生巨大變化。有愈來愈多大學不僅會像過去那般確認「學生具備多少知識」，還會採取面試、簡報、分組討論或申論題等方式，讓學生回答「對某件事物有何看法？」，或是「到高中時期為止曾努力做過什麼事，並從中學習到什麼？」等問題。截至目前（２０２０年）為止，這些在日本的入學考試制度中占了約10％，一般預測往後有可能進一步擴增至30％。

其背後的首要原因在於ＡＩ時代的來臨。據說，距今約25年後的２０４５年，科學技術會有飛躍性的進步，迎來所謂的「奇異點（技術的特異點）」，社會將會有天翻地覆的改變。從行動呼叫器發展至智慧型手機的全盛期為止，歷經了25年左右。那麼，智慧型手機在25年後，究竟會演變成什麼樣子呢？一般預測，在未來等著我們的，很可能是現今難以想像的科學技術大躍進，社會結構也會隨之產生莫大變化，連工作方式都會為之一變。此外，還有一個不能不提的背景便是「人生100年時代」。由於醫療技術進步等因素，據說2007年出生的孩子中，有半數會活超過107歲（※1）。為了在人生100年時代中生存，更加需要能靈活因應時代變化且保持求知若渴的態度。

我們不得不意識到，在這樣的社會變化之中，連工作方式與生活型態都會逐漸改變。倘若社會發生變化，人類所扮演的角色也會隨之轉變。因為對人類要求的能力有所不同，理想的教育方式也會逐漸改變。從今往後，不再是為了進入知名大學就讀而拚命學習認知能力的時代了。甚至是成功進入一流企業後，都不見得保證能一輩子安穩。因此，必須從大人來改變觀念，並具備能應對變化的靈活性。

非認知能力的3個類別

非認知能力是芝加哥大學的詹姆士・約瑟夫・赫克曼首先提倡的概念，他曾在2000年獲得諾貝爾經濟學獎。

赫克曼在幼稚園實施與非認知能力相關的學前教育，並對那些孩子進行調查，直到他們長大成人為止。其研究結果顯示，相較於不曾接受學前教育的孩子，曾接受學前教育的孩子的學歷與

（※1）　首相官邸官網<人生100年時代構想會議　期中報告>
http://www.kantei.go.jp/jp/singi/jinsei100nen/pdf/chukanhoukoku.pdf

年收入較高，犯罪率也較低（參照下方圖表）。因此，他根據長年的調查結果提出建議，往後在教育與育兒上，不該只發展容易辨視判斷的認知能力，還必須關注較難辨視判斷的非認知能力。

非認知能力絕非新的能力，比如溝通能力、善解人意、耐力、積極性等，日本的教育現場到目前為止也很重視這些能力。只不過這些是無法評分的能力，所以在大學入學考試等場合，或許會比可以用分數衡量的認知能力更容易遭到輕視。

如上所示，非認知能力所涉及的範圍甚廣，但可以彙整為以下3大類別。

培里學前課程的效果

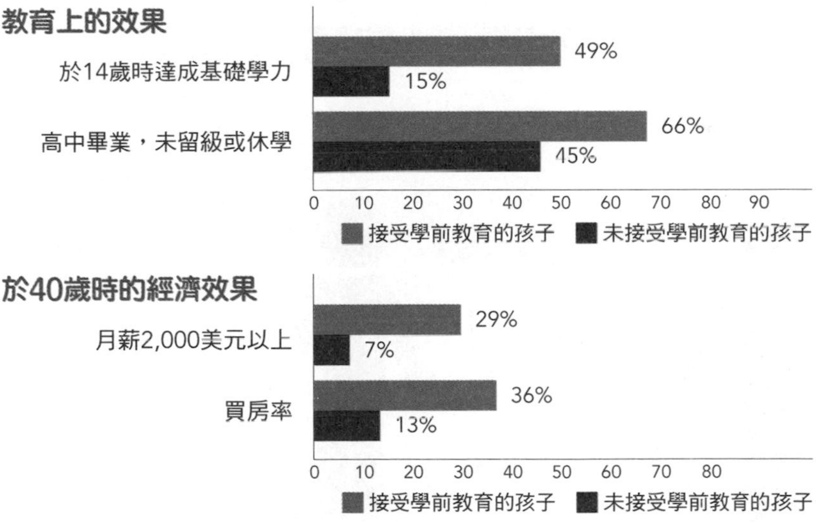

出處：摘自《幼兒教育的經濟學》（詹姆士・約瑟夫・赫克曼著，大竹文雄解說，古草秀子譯，東洋經濟新報社）

①面對自己的能力＝可維持並調整自己

自律、耐力、心理彈性（復原力）等。

②提升自己的能力＝可改變並提升自己

積極性、上進心、自尊心、樂觀性等。

③與他人連結的能力＝可與他人合作或一起工作

溝通能力、同理心、社交性、協調性等。

以3種（自己×2＋他人）類別來呈現非認知能力

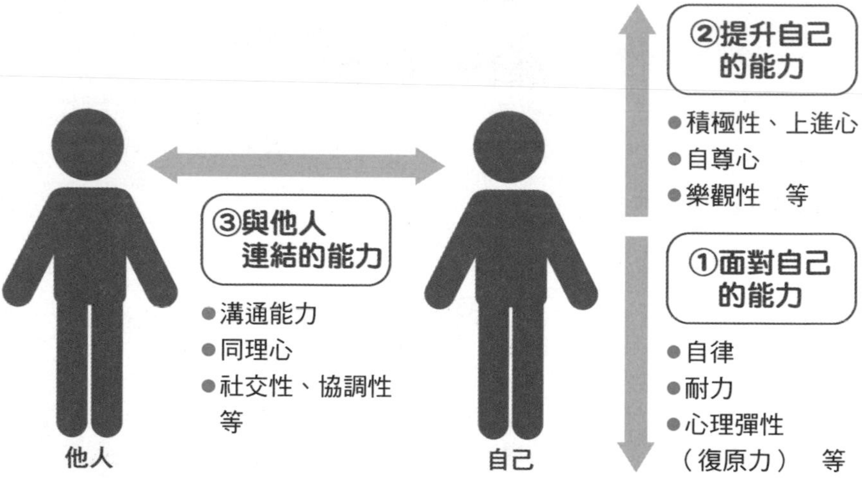

往後社會將愈來愈重視的非認知能力

就業結構今後將逐漸轉變

接下來讓我們從工作的觀點來看非認知能力。截至目前為止的就業結構，主要是由以下兩類所構成。

一種是負責處理資訊，加以管理並發出指令。到目前為止，如果沒有人擔任這種角色，很多工作根本不成立。

另一種則是負責在與他人互動的過程中推動或改變某些事務。比如幼托人員、學校老師、護理師、照護服務員等都屬於這種角色。

根據2015年野村綜合研究所的估算，未來10～20年左右期間，日本勞動人口的49％很有可能被AI（人工智慧或機器人等）取代工作。倘若該估算成真，這種就業結構應該也會有所改變。

人類可以做這些事以求與AI共存

AI最擅長的便是資訊處理，可以24小時、365天都不眠不休，比人類還要快速且正確地處理資訊，加以管理並發出指令。因此，今後將資訊處理的任務交付給AI，應該會變得比較有效果且效率較佳。

另一方面，「在與他人互動的過程中推動某些事務」是AI比較不擅長的任務。尤其與他人進行溝通時，「解讀」十分重要，而這正是人類最擅長之處。

比方說，當孩子一臉悶悶不樂地回到家。家長擔心地問：「你怎麼了？發生什麼事了嗎？」，但孩子回答一句「沒事」。

這種時候，AI會直接根據「沒事」這個詞彙做判斷，而人類則會從表情或說話方式等來讀取「沒事」這句話背後的情感，進而解讀為「會不會是發生什麼事了？」**擁有這種解讀能力的人類在必須與他人互動的情境中，會發揮莫大的力量。**

另外還有一個AI辦不到的任務，即「積極且有創造性地解決課題」。這裡的課題也可以改成「目標」，比如有個目標是「希望解決全球環境問題」。

設定這個目標便是現階段AI辦不到的事。曾在網路上搜尋路線的人應該較容易想像，只要指定了目的地，ＡＩ就會立即告知「這條路徑的交通費最便宜」、「以時間上來說，這條路徑能最快抵達」等。也就是說，由人類設定目標，ＡＩ便可以規劃路徑，換言之，**只要人類不設定目標，ＡＩ就無法協助我們**。

此外，設定這項目標時，最重要的關鍵在於「積極性」。因為如果沒有「想解決這個問題」、「希望完成這件事」這樣的積極性，就很難設定具體的目標。不僅如此，當事情不順遂的時候，**從失敗中學習並嘗試錯誤，或試著透過新的發想來切入，這樣的技能在「積極且有創造性地解決課題」這個任務上，想必會成為相當重要的非認知能力**。

人類至今為止持續努力獲得認知能力，往後的時代，這個部分將會逐漸託付給可謂認知能力之巨集的ＡＩ。巧妙地與ＡＩ共存，並不斷思索人類才辦得到的任務，將會愈來愈重要。

培育非認知能力的時期與進一步發展的時期

小學中年級是非認知能力的發展巔峰

以腦科學來說，教育現場至今為止所重視的記憶學習等認知能力，是由位於腦部下部的顳葉所控管。另一方面，**位於額骨後方、額葉的前額葉皮質區所掌管的則是非認知能力**。據說基礎層次的非認知能力會以自我肯定感為地基，從嬰幼兒時期便開始逐漸成長，但是要到所謂的「幫團年齡（gang age）」的小學3、4年級左右，才會一口氣大幅發展。因此，若在這個發展的巔

額骨後面是從小學中年級開始發展

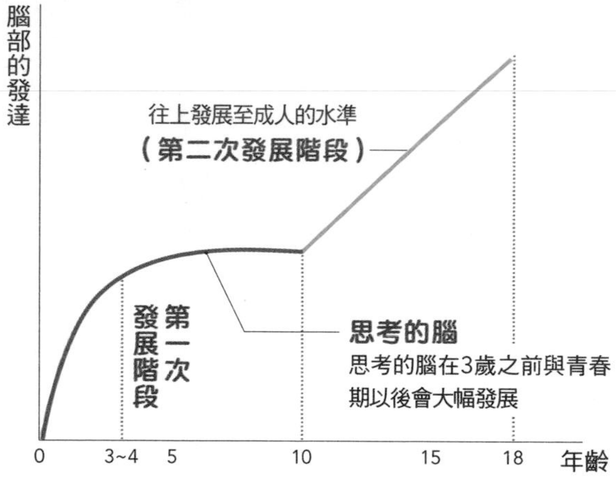

參考：根據「與川島隆太教授共同探究的『我家孩子的未來學』」（宮城縣的宮城縣教育委員會）製作而成。

峰時期只重視認知能力，而試圖讓孩子大量背誦記憶，是非常可惜的一件事。

依循自己的意志並積極地投入、從失敗中學習並再度挑戰、與他人溝通來完成某些事物等，這些用來培育非認知能力的體驗與經驗在這個時期尤為重要。進一步來說，要想發展非認知能力，奠定基礎至關重要，這會成為幼少年時期的非認知能力的根基。

非認知能力的基礎在於「自我肯定感」

無論是非認知能力還是認知能力，為了充分發揮，都必須具備扎實的根基，「自我肯定感」便是其基礎。

所謂的自我肯定感，是指可以認同最真實自我的一種感覺。不光是認同「辦得到的自己」，而是連同那個有不擅長的事、有辦不到的事的「最真實的自己」都加以認同並接納，能夠尊重自己並肯定自己的存在，這種感覺即為自我肯定感。

而**嬰幼兒時期便是培育這種自我肯定感的關鍵時期。若未能在這個時期培養出自我肯定感，根基就會變得不穩定，很有可能也會影響到非認知能力與認知能力的發展。**那麼，自我肯定感是如何培育而成的呢？

對父母的信賴與父母良好的稱讚方式都能提高孩子的自我肯定感

嬰兒在肚子餓了、尿布濕了或想睡覺時，都會哭泣來表達不舒服或不安的情緒。只要在這個時候承接並緩和其不舒服或不安的情緒，即可消除他們的負面情感，進而對父母產生強烈的信賴感。**這份信賴感便是培育自我肯定感的第一步。**

當孩子進入開始走路的幼兒時期，會漸漸有自己的意志而開始主張自己的意見，比如想抓這個或想去那裡等。這種**自我主張是邁向獨立的重要發展階段，也是培育自我肯定感的第二步**。在這個自我主張的時期，父母可以透過良好的稱讚，穩健地培育孩子的自我肯定感。

那麼，怎樣才是良好的稱讚方式呢？答案是：無附加條件的稱讚方式。只在做得好時大加讚揚，在做不好時加以責備，這就是有條件的稱讚方式。如果採取這樣的稱讚方式，孩子會覺得「失敗的自己是糟糕的」，便無法培育出自我肯定感。**即便做得不夠好，也要針對孩子願意挑戰或堅持到最後的積極性等加以稱讚，這才是良好的稱讚方式。**

除此之外，以「謝謝你幫了大忙」、「好開心喔」等等來表達感謝也是有效的。很難用語言來表達的人，也可以透過笑容等表情來傳達，或是嘗試擁抱、擊掌等肌膚接觸也ＯＫ。接收這類稱讚方式的孩子會產生「一直努力到最後都沒有放棄實在太好了」等想法，進而開始重視過程，而不是只看結果。有大人認同最真實的自己，他們便會開始重視自己的存在。

責罵時費點心思，使用正向的語言

然而，在育兒的過程中，不光是一味地稱讚，也會出現必須責罵的情境。這種時候的責罵方式也有訣竅。

在孩子跑到馬路上這類性命攸關的情況下，必須大聲斥責，但若是一點無傷大雅的惡作劇等，只因令大人傷腦筋便劈頭就罵，在培育自我肯定感的這層意義上是沒有效果的。如果有感到困擾的事或希望孩子改正的地方等，應該採取教誨的說法，而非「不可以○○！」這種負面的說法。

比方說，當孩子在店裡奔跑，與其斥責「不要跑！」，不如以「在店裡撞到人或東西很危險，所以我們用走的吧」來勸戒，有時更能有效傳達。如果孩子沉迷於遊戲中而不願回家，與其斥責「要乖乖聽話」，不如訂個規則，比如「（那個遊戲）再玩3次就回家」、「時鐘的長針走到頂端時就結束」等，比較能說服孩子結束遊戲。

話雖如此，責備方式應視情況而定，沒有一個統一的守則。否定人格的用語或情緒化地嚴厲痛斥是NG的，但是根據狀況或孩子的個性，有些時候嚴厲斥責會比較好。此外，父母也是人，有時可能會無法控制情緒，忍不住發怒而不是用指正的方式。這種時候只要向孩子道歉即可：「我剛剛很焦慮，不小心對你太兇了，對不起。」透過坦率的道歉，應該也能將心情傳達給孩子。

在兒童時期採行能讓孩子主動投入的策略

第三步則著重於幼兒時期後半至兒童時期前半的經驗。

在這個時期，以下所列的經驗十分重要。

① 孩子本人自己做決定。

② 自己製造東西。

③ 和朋友一起做些什麼。

④不怕失敗，自動投入某些事物。

大人只負責敦促而不給予具體的指示，即可確實培養出自我肯定感。

順帶一提，最近有個常見的現象，當我問「A和B哪一個好？」時，很多孩子會回答「兩個都好」或是「隨便」。明明孩子從嬰兒時期開始就是會主張「我想這樣做」的積極個體，為什麼這樣的孩子會愈來愈多呢？

可以想見，其中一個理由是，父母把自己的意見強加於孩子身上，太常做出「你必須選A」的指示。

面對遲遲回答不出來的孩子，大人有時也會感到焦躁吧？然而，孩子為「該選擇哪一個？」而煩惱，是試著自己做決定的一種積極表現。若不斷從旁干預，指示孩子「你選A就對了」，會削減孩子根據自己的意志做決定的積極性。

幼兒時期以後，當孩子出現自己的主張時，大人應盡可能地配合。在培育非認知能力上，不斷累積由本人自行選擇的經驗是極其重要的。

發展非認知能力時期的應注意事項

如上所述，孩子若從嬰兒時期、幼兒時期前半與後半乃至兒童時期前半，分3階段確實打造好自己的地基，並在「幫團年齡」時期累積用來培育非認知能力的體驗與經驗，非認知能力自不待言，據說連認知能力都能一口氣大幅提升。這便是為什麼在嬰幼兒時期打好根基對發展非認知能力如此重要。

為了避免誤解，在此先聲明一點：在接下來的時代，發展非認知能力極其重要，話雖如此，並不表示不再需要認知能力。諸如閱讀、寫作與算數這類基礎的認知能力，在接下來的時代仍是必要的。這種時候希望家長特別留意的是，不要讓孩子認為「學習＝被迫的事」。

比方說，孩子本人不願意，卻強迫孩子去寫作業或上補習班，如此一來會有個風險，即導致孩子認為學習是一件討厭卻非做不可的事、是必須忍耐去完成的事。關鍵在於採取一些策略，好讓孩子覺得學習是一件快樂的事。做法與培育自我肯定感時並無二致，即巧妙地稱讚並敦促，而非嚴厲地斥責孩子去做。請試著稱讚學習的過程而非結果，好讓孩子願意主動投入。這些作用經日積月累，從小學高年級生到國、高中生左右，會開始具備積極性而試圖進一步學習高度的認知能力。在透過「學習」來發展認知能力這方面，非認知能力也有很大的關係。

長大成人後也能發展非認知能力

前面已經說明，兒童時期是發展非認知能力的關鍵時期，然而，覺得「我家孩子是國中生，已經太遲了」的家長，請放一百個心。非認知能力是一種長大成人後仍可繼續發展的能力，只要對此有所察覺，即便成人後仍可有所發展。

正如截至目前為止所說明的，發展非認知能力的關鍵在於，自己做選擇並累積各式各樣的體驗。

請順應孩子本身的興趣，讓孩子可以嘗試各種體驗，而非對父母言聽計從。如果是國、高中生，像社團活動、義工活動或興趣這類新的校外體驗場合，也是提高非認知能力的一種機會。

當然，要從日常中找到新的體驗場合並不是一件簡單的事。可以自行尋找並做出選擇是最理想的，但是對有些孩子來說，有時自行尋找本身就困難重重。這種時候不妨由父母找出幾樣可能適合孩子的事情，再讓孩子從中選擇，也不失為一種方式。即便最初是被動式的體驗，後來卻能主動從中找到某些「體悟」，這樣的案例不在少數。

只要進一步深化這樣的體驗，應該就能漸漸看清自己的作用。以社團活動來說，除了身為學長姊或高年級生的角色外，有些情況下還有隊長、社長、會計等職務。肩負職務會讓孩子在意識上漸漸有所轉變，比如「我要成為這樣的學長姊」、「我要成為隊長」等，進而產生責任感。此外，感受到自己肩負著任務也能培育出自我肯定感。

如此透過各式各樣的體驗來認識並經歷自己應該完成的任務，便可讓非認知能力有所發展。

發展非認知能力的關鍵在於柔軟性與謙虛

史丹佛大學的卡蘿．S．德威克（Carol S. Dweck）在著作《心態致勝：全新成功心理學》中說道：「只要抱持著靈活看待事物的心態，人就會持續成長。」**人只要具備這種柔軟的心態，便可正面接受失敗或錯誤，並逐步成長。**另一方面，德威克表示，如果抱持著僵化的定型心態，即認為能力是與生俱來、人是無法改變的，就會因為一次的失敗而深感挫折，便無法成長。

這就是所謂心靈的「柔軟度」吧。

為了具備這種柔軟度，日本自古以來都相當重視「謙虛」。不要不懂裝懂，客觀掌握自己不足的部分與自己所處的位置，虛心地向後輩、部下甚至是孩子學習，只要抱持著這樣的態度，即便已經長大成人，應該還是可以發展非認知能力。

因此，想要發展非認知能力的人，請試著費些心思，柔軟並謙虛地看待事物。

非認知能力與蒙特梭利教育之間的密切關係

觀察有助於孩子的成長

到目前為止已經說明，為了培養孩子的自我肯定感，認同孩了最真實的一面至關重要。大人不要把自己的理想強行加諸在孩子身上，而是讓孩子本人自行選擇自己應該要做的事，並藉此獲得認同，透過這個過程培育出自我肯定感，進而充滿自信地在自己的道路上前行。為此，大人必須做的，並非照顧得無微不至或過度干涉，而是**仔細觀察孩子現在對什麼事物感興趣？正在追求什麼？蒙特梭利教育所重視的就是這份觀察**。

孩子會有個時期對某件事格外著迷，比如不厭其煩地撿拾橡子、觀察綿延不絕的螞蟻隊伍，或是熱中於排列某些東西……。在蒙特梭利教育中，會以「敏感期」一詞來說明這段著迷的時期（詳情請參考P.52～53）。

大人可以觀察孩子的視線、指尖的動作與活動的重複次數等，逐漸解讀出孩子現在對什麼樣的事物感興趣。絕對不能把自己的理想方式強加在孩子身上，比如「我希望你玩這個遊戲」或「你應該這樣玩才對」。

處於敏感期的孩子會產生令人驚訝的興趣與熱情，試圖獲得「握」或「抓」等能力。如此一來就會自然而然地集中精神並投入其中，還會逐漸提高想要堅持到最後的積極度。

此外，孩子會仔細思考該怎麼做才能讓事情順利進行，並漸漸磨練出足以判斷自己真正想做什麼事、是否該做的能力。

而當自己的選擇受到尊重，會產生一種自己獲得理解的安全感，進而加深與父母之間的信賴關係，情緒也會穩定下來，內心變得較為沉著。

沒錯，**透過這種蒙特梭利教育所培育出的能力，比如自己做選擇的能力、專注力、堅持到最後的毅力、積極度與內心的平穩，正是所謂的非認知能力**。這些絕對無法靠考試來衡量，但是在接下來的時代，肯定會化為自己選擇自己的道路、有目標地進行挑戰並堅強活下去的力量，想必能夠成為孩子寶貴的能力。

下一章我將會針對蒙特梭利教育做詳細的介紹。

Column 1

曾接受
蒙特梭利教育的名人

天才棋士藤井聰太二冠年僅14歲便成為職業棋士，其後又接連改寫最年輕棋士的紀錄，因其幼兒時期曾接受蒙特梭利教育，讓這種教學法一躍成為熱門話題。若進一步將目光放諸世界，便會發現各國對蒙特梭利教育的認知度高於日本，因為各種領域的名人在幼少時期都曾接受過蒙特梭利教育。其中，Google 創辦人謝爾蓋・布林(Sergey Brin)與賴利・佩吉(Larry Page)在被問到Google成功的秘訣時，甚至說到「蒙特梭利教育是我們成功的根基」，似乎深受蒙特梭利教育的影響。除此之外，還有哪些名人是在蒙特梭利教育中長大的呢？

〔**曾接受蒙特梭利教育的主要名人**〕

- 巴拉克・歐巴馬（前美利堅合眾國總統）
- 威廉王子與亨利王子（英國王室）
- 謝爾蓋・布林與賴利・佩吉（Google 創辦人）
- 比爾・蓋茲（Microsoft創辦人）
- 馬克・祖克柏（Facebook創辦人）
- 傑夫・貝索斯（Amazon創辦人）
- 安妮・法蘭克（《安妮日記》作者）
- 喬治・克隆尼（演員）
- 碧昂絲（歌手）
- 藤井聰太（棋士）

Part 2

發展非認知能力的蒙特梭利教學法

蒙特梭利教育是19～20世紀活躍於義大利的瑪麗亞．蒙特梭利所提倡的教學法，她既是醫生，也是教育學家。她觀察每一個孩子後發現，孩子比任何人都還要有自我培育的能力。透過蒙特梭利教育，孩子的非認知能力會得到什麼樣的發展呢？

蒙特梭利教育的基礎思維

從熱中於撿拾麵包屑的孩子身上獲得靈感

蒙特梭利教育是瑪麗亞·蒙特梭利所提倡的教學法，她以醫生兼教育學家之姿活躍於19世紀末~20世紀中葉。1896年，蒙特梭利成為義大利第一個取得醫學博士學位的女性，並於羅馬大學附屬精神科醫院負責治療有殘疾的兒童。某天，蒙特梭利看到一個孩子熱中於撿拾並收集掉在地上的麵包屑。經過仔細觀察後，她發現那個孩子撿拾麵包屑並不是因為肚子餓，而是試圖透過活動手或手指來獲得感官上的刺激。

這個發現促使蒙特梭利設計出可運用指尖的「鑲嵌式圓柱體」，並送給有殘疾的孩子，持續研究後發現，玩這種圓柱體的智能障礙兒童在智力水準上有所提升。

「敏感期」能讓孩子有所成長

不僅如此，蒙特梭利在持續觀察孩子們的過程中，察覺到每個孩子都有所謂的「敏感期」，在這個時期會對某些事物極其著迷，在投入該事物時會發揮驚人的專注力。

敏感期原本是荷蘭生物學家德弗里斯（de Vries）發現的概念，即所有生物都有一個對構成其一生之基礎的事物高度敏感的特殊時期，而這個時期會出現在幼少時期。蒙特梭利透過孩子的行為確認了這一點，並確信可將其運用來達到教育目的。

根據蒙特梭利的說法，**處於敏感期的孩子會持續專注於自己的活動，並在自己心滿意足的時間點爽快地停止該活動，露出充滿成就感的表情**。蒙特梭利表示，**孩子有個大自然既定的成長步驟，在這個基礎上，直到6歲左右為止會出現各種敏感期**。

據說這些敏感期是促進孩子成長的重要過程，會出現在每一個孩子的幼兒時期。希望大人務必預作準備，以便確實貼近孩子這個時期特有的珍貴感受性。

生存所需的能力會分4階段逐漸發展

配合每期6年的發展階段，採取適合的切入方式

蒙特梭利又進一步將孩子的發展區分為4個階段來思考。具體來說，是把發展最為顯著的0～24歲時期分為4個時期，每期為6年。蒙特梭利認為，這24年當中，又以0～6歲的幼兒時期最為關鍵。理由在於，可以獲得生存重要能力的「敏感期」皆集中於這個時期。

●第1階段（0～6歲的幼兒時期）

這是會出現多次敏感期的時期，蒙特梭利強調：「度過人生所需的能力有80％是在這個幼兒時期發展起來的。」因此，一般認為在這個時期充分運用五感來嘗試各式各樣的體驗，可逐步打造出足以堅強度過人生的根基。變化特別大的這個時期，一般又區分為0～3歲與3～6歲兩大時期，前者會在無意識中吸收整體環境，後者則是有意識地吸收周遭環境，並彙整至3歲為止所

吸收的資訊。

●第2階段（6～12歲的兒童時期）

這是培養溝通能力與想像力的時期，會加深與朋友之間的關係，一起打造或完成一些事物。尤其是小學3、4年級生，差不多是所謂的「幫團年齡」時期，會開始根據自己的價值觀組成小群體。這個時期也可以說是獨立並脫離父母的準備階段，一般認為幼兒時期所經歷的初始體驗會讓求知欲與思考力有進一步的提升。

●第3階段（12～18歲的青春期）

荷爾蒙分泌變得活躍，出現第二性徵，是身心皆出現巨大變化的時期。比起父母，更容

孩子的發展4階段

在蒙特梭利教育中，從出生到24歲為止的發展可區分為4個階段來探討。

幼兒時期〔0～6歲〕	兒童時期〔6～12歲〕	青春期〔12～18歲〕	青年期（成熟期）〔18～24歲〕
Infancy 出現多次敏感期而大幅成長，是想觸碰真實物品的時期。	**Childhood** 產生倫理道德觀，想像力變豐富，是開始重視朋友的時期。	**Adolescence** 身心產生巨大變化，是開始建立倫理與社會基礎的時期。	**Maturity** 出現身為全球公民的意識，並成長到足以思考如何貢獻社會。

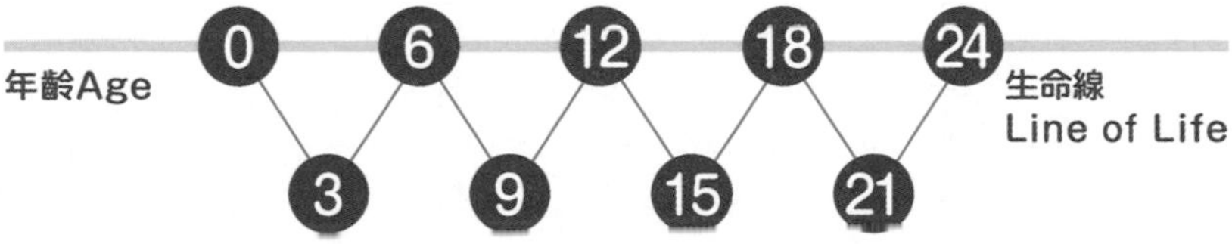

易受到朋友或信賴的老師等的影響，逐漸建立起自己的世界觀。日本又稱為「叛逆期」，卻也是重新審視自己內心的時期，會採取叛逆的態度，或為了現實與理想之間的落差而煩惱等，是一步步領會倫理與社會的基礎，並邁向獨立的關鍵時期。

●第4階段（18～24歲的青年期）

開始將青春期用於自己內心層面的能量轉移至外界，愈是思考自身能為社會貢獻發揮什麼樣的作用，愈會得到成長。

此外，蒙特梭利還表示：「能否順利進入新的階段，取決於前一個階段的充實度與完成度。」這點和「掉針」的例子有異曲同工之妙，編織時若有一處掉針，之後就會散開來。有說法指出，某些案例顯示，如果在青春期過於「乖巧」，凡事聽從父母的意見而毫不反抗，就無法培養出自行思考的能力，到了青年期便會難以獨立。因此，大人的重責大任在於從旁守護，好讓孩子能按部就班往上爬，不跳過任何一階。

認識孩子的「敏感期」，可讓育兒更輕鬆

幼兒時期會出現哪些「敏感期」？

在孩子的成長階段中，蒙特梭利教育對集中出現在0～6歲的敏感期格外重視。幼兒時期的敏感期可區分為6大類，孩子會對某些特定事物有強烈的感受性，專注且輕易地加以吸收。

1. 語言的敏感期

嬰兒還在母親肚子裡的時候，就開始聆聽周遭的聲音。據說懷孕7個月左右，耳朵便已成形，胎兒也可以聽到聲音。2～5歲左右便會出現語言的敏感期，漸漸開始能透過對話來溝通。也有些孩子過了3歲半後，就進一步出現文字敏感期。

語言的敏感期期間可在家做的事

請多和孩子講講話。關鍵在於說話要緩慢而清晰。這種時候不需要因為對象是小孩子而使用嬰兒用語。把孩子視為一個人，費點心思使用大人的語言。孩子不光會記住聽到的單字，還會透過聲音的語調與說話方式來學習溝通。此外，積極唸故事書或唱歌給孩子聽，也是不錯的方法。

2. 秩序的敏感期

秩序的敏感期從出生數月後開始出現，且於2～3歲時最為強烈。孩子每天都以極其驚人的速度吸收著周遭世界所發生的一切，會在無意識間記住東西擺放的位置或做某些事的順序等，所以一旦秩序被打亂，經常會感到混亂。這就是為什麼孩子在這個時期很常出現這類狀況：準備的步驟不對就出不了門、餐桌的座位順序一變就生氣、對穿衣順序有所堅持、散步路線和平常不同就嚎啕大哭。

秩序的敏感期期間可在家做的事

為了讓孩子有安全感，這個時期最好格外留意讓事物維持「和往常一樣」的狀態。即便對大人而言只是微小的變化，卻會對孩子造成很大的不安。請重視溫暖的家庭氛圍，盡量以既定的順序來進行既定的例行程序。此外，東西總是放在同一個地方、務必物歸原位，還有清楚標示持有者也是很重要的。搬家等時候則最好打造一個能讓孩子感到沉穩自在的環境，比如玩具的配置盡可能和以前相似。

3. 感官的敏感期

眼睛（視覺）、耳朵（聽覺）、皮膚（觸覺）、鼻子（嗅覺）與舌頭（味覺），這個時期會對刺激這五感的東西變得格外敏銳。觸摸各種東西來享受觸感、突然開始挑食、對聲音變得敏感等等，五感功能愈發敏銳的時期接踵而來。0～3歲之前會吸收周邊事物的感官印象，到了3歲之後，會在自己腦中逐步彙整並歸類所累積的感官印象。因此，在3歲之前最好讓孩子親身體驗各種感覺，3歲之後則多使用語言等來協助孩子彙整感官上的分類。感官變得愈敏銳，還能連帶精進對藝術的感受性。

感官的敏感期期間可在家做的事

讓孩子接觸實體的、真實的物品而非虛擬事物，大量累積用身體感受的經驗。透過觀察實物，可以學會分辨顏色、形狀、大小等差異，亦可培育對美的事物、充滿藝術氣息的物品、有條不紊的狀態等的感受性。此外，用手觸摸還可親身感受手感、溫度與重量等微妙的差異。接觸大自然並試著側耳傾聽風聲或雨聲，應該也能讓聽覺更為敏銳。我們的生活中無一不是教材，請和孩子一同去感受。

4. 運動的敏感期

孩子會隨心所欲地移動身體並加以訓練，這個時期即為運動的敏感期。原本只會隨便亂動手腳的嬰兒會開始透過翻身、爬行來學習運動，一般到了1歲半左右便可以行走。甚至還會用手、手指與手臂反覆做些大人覺得頑皮的動作，比如從盒子中抽出面紙等，逐漸學會活動身體的方式。在3歲之前會掌握走路、跑步、踢腿、跳躍與拿物等運用全身的動作。到了3歲以後，還會學習運用到指尖的細微動作，開始會使用各種工具。

運動的敏感期期間可在家做的事

3歲之前是孩子學會爬行、走路、拿物、搬運這類較大動作的時期。人類可以透過行走來鍛鍊軀幹。軀幹也關乎到之後的運動功能，所以請讓孩子多走路。此外，孩子在3歲之後也會逐漸學會運用手指的細微動作，而且非常喜歡模仿大人，所以建議讓孩子參與摺衣服這類可以一起做的簡單家事。如果過了這段敏感期還無法自由活動身體與手指，很多事物都會變得麻煩，導致孩子開始只想圖個輕鬆。請務必讓孩子在這個時期親身感受活動身體的樂趣。

5. 數字的敏感期

孩子在這個時期會對數字產生強烈的興趣，比如對自己的年齡或電梯的樓層數字按鈕表露出興趣，還會在洗澡時從1數到10等。一般來說，很多孩子是在4～6歲左右出現數字的敏感期。這段敏感期會加深孩子對數字的理解，不光是排序，還會在聚集、分類或並排物品的過程中，彙整對數量與數字的概念，藉此漸漸學會邏輯性思考。

數字的敏感期期間可在家做的事

在進行熟悉數字的活動時，必須特別留意的是，不要用教學的方式，而是一起同樂。雖然孩子對數字產生興趣，也不要以學習為目的而突然教起加法等，不妨透過彈彈珠或丟沙包等遊戲，在玩樂的過程中接觸數字。此外，在生活中也能大量接觸數字，像是在洗澡時數到10、邊爬樓梯邊數階梯數、一起分配相同數量的點心等。請試著讓孩子從各種角度來熟悉數字，比如順序或數量等。

6. 文化的敏感期

孩子到了5、6歲後，興趣會從語言或數字等身邊的事物，擴展至周遭的世界，也就是進一步對文化領域產生興趣。其興趣涉及的範圍甚廣，像是身邊的生物、宇宙、地理、世界、歷史、造型藝術、音樂等。孩子會沉迷於自己有興趣的領域，連厚厚的圖鑑書等都能默默地閱讀。一般來說，文化的敏感期會從5、6歲左右延續至9歲左右，據說在這個時期接觸大量人事物，可以讓孩子更明確知道自己在社會中所扮演的角色。

文化的敏感期期間可在家做的事

在好奇心旺盛的時期，不妨為孩子打造一個能加深興趣的環境，比如唸故事書或一起打開圖鑑來閱讀等。此外，接觸真實事物也很重要。請費點心思安排能刺激孩子對知識方面好奇心的活動，比如到海邊或山上接觸大自然、走訪美術館或博物館等。外出旅行時，建議可以用歡快的方式增長知識，比如在地圖上查找去過的地方，或是在看到花時，透過圖鑑來查詢名稱與品種等。

每個人都一定會經歷敏感期，其展現方式又因人而異。關鍵在於仔細觀察孩子在日常活動中對什麼事情顯露出興趣？對什麼樣的事物有所堅持？當孩子做出大人難以理解的行動時，重要的是能夠換個角度推測出「這說不定就是敏感期？」。此外，即便是敏感期，也不能強迫孩子進行大人期望的遊戲或活動（在蒙特梭利教育中稱為「工作」）。應該根據孩子本人的敏感期，打造一個讓孩子可以自行選擇的環境，尊重孩子想做某事的心情。

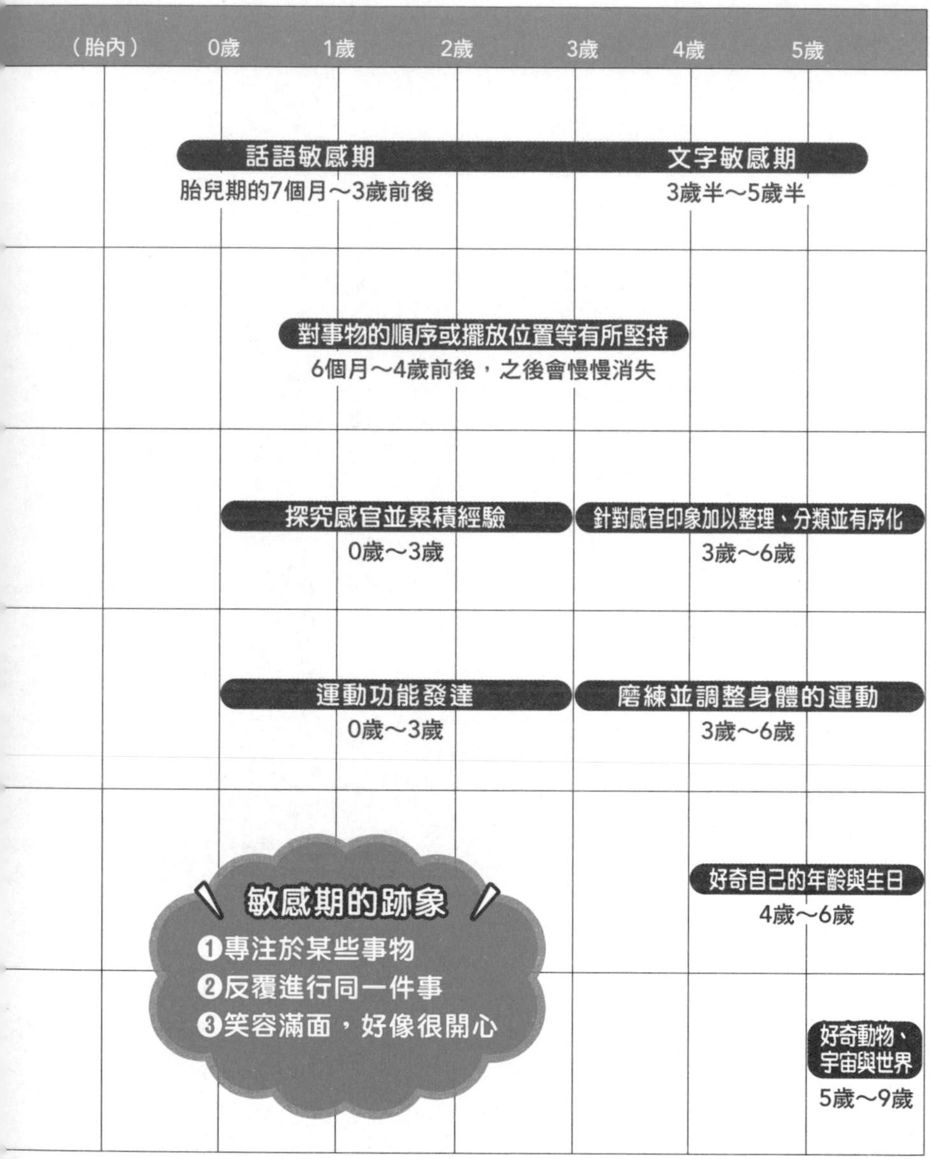

參考：《蒙特梭利教育守護孩子們的學習》（暫譯，松浦公紀著／學研）

（註）圖表中所標示的敏感期與其出現的年齡範圍有時會因文獻而異。

孩子在蒙特梭利教育所提倡的敏感期中所展現出的特徵

主要的敏感期	孩子的特徵
語言的敏感期	能夠全盤吸收所處環境中的語言。胎兒7個月～3歲為話語敏感期，3歲半～5歲半為文字敏感期。若孩子說出「這是什麼？」或「為什麼要這麼做？」之類的話，便是正在試圖學習語言的跡象。
秩序的敏感期	一旦地點、順序、時間、所屬、習慣等不固定，孩子內心會變得不平靜。會堅持要與往常一樣。對大人覺得微不足道的「秩序」格外執著，當事情失序時，有時會激動大哭或感到憤怒。
感官的敏感期	眼睛（視覺）、耳朵（聽覺）、皮膚（觸覺）、鼻子（嗅覺）與舌頭（味覺），這5種感覺器官發育完成並逐漸成熟的時期。五感會變得更加敏銳，可以看到孩子露出享受這些感覺的模樣。
運動的敏感期	這個時期開始可以自由自在地運用隨意肌（可憑自己的意志活動的肌肉），並使出渾身解數做出各式各樣的動作。在3歲之前學會大幅度運用身體的動作，3歲之後則會漸漸學習使用指尖的細微動作。
數字的敏感期	這個時期會開始執著於自己的年齡，對撿拾橡子或果實來分配，或是對身邊跟數字相關的事物感興趣。著迷於收集大量物品或比較數量多寡等行為也很常見。
文化的敏感期	漸漸對宇宙、植物、動物等語言與數字以外的事物產生興趣與關心。想像力豐富，世界觀擴大。對知識的好奇心高漲，開始有想知道得更詳細的求知欲。

堅持到底的經驗
會培養出專注力與積極度

蒙特梭利表示，「當孩子專注於某件事時，在他感到滿足而自己停下來之前，千萬別阻止。」看到孩子在不受任何人的干擾下，盡情徜徉在某個活動中直到心滿意足為止、展露出難以言喻的笑容，令蒙特梭利深受感動，這種經驗便是她研究的起點。

持續研究後，蒙特梭利得出了這樣的結論：這種專注時間的累積，會逐漸培養出專注力、探索精神與成就感，還會進一步培養出穩定的情緒。

我們大人往往以自己的方便為優先，一不小心就會對孩子說出「不要一直做那些，快點做〇〇！」等。然而，強迫孩子停止會中斷其專注力，而孩子本人如果不願意，也會感受不到堅持做到最後的成就感。

讓孩子成長的5個步驟

自由地活動 ◀ 反覆 ◀ 專注 ◀ 有成就感 ◀ 連結至下一次的積極度

因此，當孩子熱中於某件事時，請盡可能讓孩子做到心滿意足為止。如此一來，孩子的專注力會進一步提升，並感受到堅持到底的成就感。這些經驗的累積還會進一步關係到之後的積極度。順帶一提，Google創辦人賴利・佩吉也曾在訪談中回答道：「蒙特梭利教學法的效果是源自於『自律與專注』，藉此孕育出創造力。」

重視自己做選擇的能力

P.30也已經介紹過，最近有愈來愈多孩子無法自行做選擇。只會依照父母或老師等大人的指示行動的被動孩子與日俱增，這樣的情形著實令人憂心。蒙特梭利教育相當重視讓孩子從小就「自己做選擇」。讓孩子從各式各樣的教具中選擇自己當下想做的事，如此一來，孩子便能更了解自己的感受，從而學會清楚表達自己的想法。

當選項很多時，年紀尚幼的孩子大多無法順利做出選擇，如果是某種程度有限的選項，反而意外地可憑自己的意志做出決定。反覆這種過程，便會磨練出自己做選擇的能力，也就是所謂的判斷力，開始能夠確實表達自己的意見。

人生是一連串的選擇。「現在要做什麼」將關乎到「往後要做些什麼」。如此想來，自己做選擇的能力在獨立之路上應該也會發揮巨大的力量。

另一位Google創辦人謝爾蓋・布林也曾說過，「在蒙特梭利教育中，會賦予孩子自由，鼓勵依自己的步調學習，去發現或選擇某些事物。我如今能夠追求自己喜歡的事物，便是拜這種教育所賜。」

據說現在有很多孩子無法自行決定自己的未來，但是在往後的時代裡，應該會格外希望每個人都具備「自行選擇自己要走的道路，並充滿自信地一步步走下去」的能力，不是嗎？

透過蒙特梭利教育所培育出的非認知能力

到目前為止已說明了透過蒙特梭利教育可學會的能力（專注力、積極度、判斷力等），這些全都是在Ｐａｒｔ１中所介紹的非認知能力。

一提到蒙特梭利教育，很多人會與「入學考試」或「早期教育」聯想在一起，也有不少人對此有所誤解。的確，透過在蒙特梭利教育中所學會的專注力、積極度與毅力等，也有助於發展認知能力。然而，蒙特梭利教育的本質並不在此。

蒙特梭利教育的真正目的在於「培育能夠獨立、有責任感、善解人意、抱持終身學習心態的人」。這些本身即可算是非認知能力。為此，不應把大人的價值觀強行加諸在孩子身上，而是要打造一個環境並從旁守護，讓孩子可以自由且主動埋首於有興趣的活動之中。

那麼，下一頁就讓我來介紹，身為父母應該如何守護孩子。

蒙特梭利教育的思維，在家也務必費心思

蒙特梭利教育須從大人的心理準備做起

瑪麗亞．蒙特梭利認為，「孩子具備自我成長與發展的能力」。只要打造一個能讓這份自我成長的能力充分發揮的環境，孩子就會在自動反覆進行活動的過程中逐漸成長，這便是蒙特梭利教育最根本的思維。

因此，在蒙特梭利教育中，大人（父母或老師）不會出言干涉「你要做這個、做那個」。初次體驗某項活動時，大人無須多做說明，而是默默地緩慢示範做法即可。面對孩子的提問時，也不要立即提供答案，而是透過一起思考來引導孩子找到答案。

換言之，大人必須體察孩子想怎麼做，並支援孩子自由且主動進行的活動，貫徹這樣的角色可說是最理想的。

為此，在家裡也請試著費些心思，從平日開始執行以下事項。

1. 讓孩子自己做選擇

不妨平常就試著給孩子機會自己做決定，比如現在想做什麼？今天想穿什麼等。如果是不擅長選擇的孩子，年幼期間也可以先由大人準備2樣東西讓孩子選。多累積一些小選擇，孩子會漸漸具備判斷力。另外，如果試圖讓孩子從各種五花八門的東西中做選擇，會因為迷惘而無法做決定，還會有損其幹勁，因此準備一個適度有序的環境也很重要。

2. 觀察孩子

當孩子對某些事物感興趣時，應盡可能地陪伴，直到孩子心滿意足為止，如此將有助於孩子的成長。為此，最好仔細觀察孩子現在正在尋求什麼。一些令大人感到困擾的行為，像是故意摔東西或是出神地盯著什麼看而一動也不動等，或許是敏感期的跡象。倘若能理解孩子當下正試圖自己學些什麼，大人應該就不必被孩子難以理解的「執著」要得團團轉。

3. 打造環境

只要打造好環境，當敏感期來臨時，會比較容易引發「專注現象」。為了達到這樣的效果，不妨打造一個與孩子年齡吻合的環境，比如準備適合孩子體型的工具類，或是在孩子觸手可及之處打造一個可以自己拿取乃至收拾的收納空間等。此外，在工具方面，不要因為孩子會破壞就都使用塑膠製品，請準備玻璃、陶器與木材等真實物品。如此一來，孩子就會知道有些材質必須謹慎對待，也會憑感覺記住不同材質的不同用法。

4. 示範做法

當孩子在進行有興趣的活動時，大人往往會忍不住用語言教導「要這樣做」。然而，在蒙特梭利教育中，基本上不會使用語言來教學。一開始先說一聲「好好看我做喔」，接著由大人緩慢地展示做法。這種時候也要盡量減少語言上的說明。如此一來，孩子會饒富興致地觀察情況，並依樣畫葫蘆地從中領會。這種「仔細觀察並從中領會」的過程，對孩子的成長是很重要的。

5. 試著讓孩子獨自完成到最後

處於敏感期的孩子會想靠自己完成任何事情。大人不妨從旁守護，做好安全考量，即便多少有些不順利，也要讓孩子完成到最後，而不是以「很危險，不行！」為由加以拒絕。把可以獨自完成的家事（比如澆花、擦桌子、照顧昆蟲、端菜、打掃玄關、整理鞋子等）交付給孩子，使其承擔責任完成到最後，這類經驗的累積會關乎到自信，還能增加活動的積極度。

6. 守護

當孩子專注於某項活動時，即便沒有按照大人期望的方式進行，只要沒有危險性，不妨默默守護。重要的是，不要輕易稱讚或糾正，而是讓孩子自由發揮。由孩子自行思考並判斷，持續活動直到心滿意足為止，這樣的經驗會培育出孩子的專注力、判斷力與積極度。此時須格外留意不要摻雜大人的想法在裡面。

即使沒有專用的教具，也可以利用身邊的東西來代替，只要打造好環境，在家裡也可以實踐蒙特梭利教育。請牢記這6項心理準備，守護孩子的成長與發展。

Column
2

不小心錯過幼兒時期就為時已晚了嗎？

「敏感期」會集中出現在幼兒時期，因此蒙特梭利相當重視敏感期，甚至曾說過「錯過敏感期就好比沒搭上末班車」。然而，敏感期固然重要，也沒必要因為孩子已經上小學就感歎為時已晚。據說人類的大腦可以透過訓練而持續成長。因此，即便已經過了7歲，仍應仔細觀察孩子現在正處於什麼樣的敏感期，並順應當下的敏感期來貼近孩子的需求。

大人有可能需要根據孩子的年齡稍微改變貼近的方法，不過人類不論到了幾歲，應該都會有格外熱中的事物。遇到令人著迷的事物肯定會讓人有所成長，所以現在開始也不遲，建議有時可由父母提供契機，製造讓孩子自行成長的機會。

在育兒的過程中，想必每個人都曾後悔「如果當時那樣做就好了」。然而，察覺並承認失敗也能提高父母的非認知能力。透過這類經驗的反覆，父母和孩子雙方都能夠不斷成長。

Part 3

何謂發展非認知能力的「居家蒙特梭利教育」？

應該也有不少家庭想讓孩子去上實踐蒙特梭利教育的幼稚園或托兒所，卻因為附近遍尋不著等理由而作罷。有鑑於此，在此提出「居家蒙特梭利教育」方案，讓孩子在家裡也能發展非認知能力。想好好珍惜孩子在家時間的各位家長，請務必試著導入這個方案。

居家蒙特梭利教育都使用哪些「教具」？

奠定生存基礎的「工作」與「教具」

蒙特梭利認為，每一個孩子都具備「自我教育力」，即自己培育自己的能力。只要處於某個特定敏感期中的孩子可以盡情專注於本人自由選擇的活動之中，所有非認知能力都能逐漸成長。蒙特梭利教育將這種敏感期中所進行的活動稱為「工作」。這裡的工作是義大利語LAVORO（日文翻譯為勞動、工作）的直譯，指每一個孩子運用自身感官與運動技能所進行的各種活動，為的是在各自所處的環境中「自我塑造」，而輔助這種工作的工具即為「教具」。比方說，只要在想要抓取東西的時期，善用練習抓物的教具，孩子就會著迷地投入其中。透過熱中投入並自然地反覆練習抓物，即可習得運用手指的方法。孩子便是這樣逐步學會生存所需的能力。

玩具與教具的差別

孩子有時會熱中於握住寶特瓶搖晃、試圖在各個地方貼貼紙、把小石子或樹葉丟進排水溝的洞裡……。

他們經常會對身邊的物品感興趣，並一心一意地埋首其中，不需要特別的玩具。孩子會透過這些方式學會生存所需的能力，但如果把貼紙貼得到處都是，大人應該會很困擾吧？這種時候請務必活用教具。

「教具」又寫作「教學工具」。換言之，只要巧妙活用配合孩子敏感期所設計的教具，孩子便可從該教具中學得必要的能力。使用符合孩子敏感期的教具，大人就可以守護孩子的活動，不必為此大傷腦筋。

以一心一意埋首其中這層意義來看，教具或許也可說是玩具的一種。但是和只會透過誇張的音效或燈光來施加刺激，或是透過虛構角色來引起興趣的一般玩具有很大不同。

玩具與教具的差別

玩具	●透過虛構角色等來引起興趣 ●隨時可以不玩，不會太執著 ●目的不明確
蒙特梭利教育的教具	●符合敏感期的物品 ●會一直玩到滿足為止 ●即便遇到困難也會試圖持續玩 ●興趣集中且有明確的目的 ●大小方便孩子操作，對材質與重量十分講究 ●沒有華麗的裝飾，充滿樸實之美

教具可以有效率地協助孩子學會本人當下憑感覺想學的能力，無須大人強迫。

此外，蒙特梭利教育中所使用的教具也很講究材質、色彩與重量，費了些心思來刺激五感。

認識「教具」的5大領域

蒙特梭利教育中的教具可分為以下5大領域（範圍）：

①日常生活的練習　②感覺　③數字　④語言　⑤文化

作為根基的①日常生活的練習為樹幹，與其他4個領域②感覺③數字④語言⑤文化相連結。

每一項都不是獨立的存在，而是如左頁插圖所示，像一根接著一根分岔出去的枝葉。因此，重要的是配合孩子的步調，依序走過每一個階段，而非勉強孩子進入下一個階段。

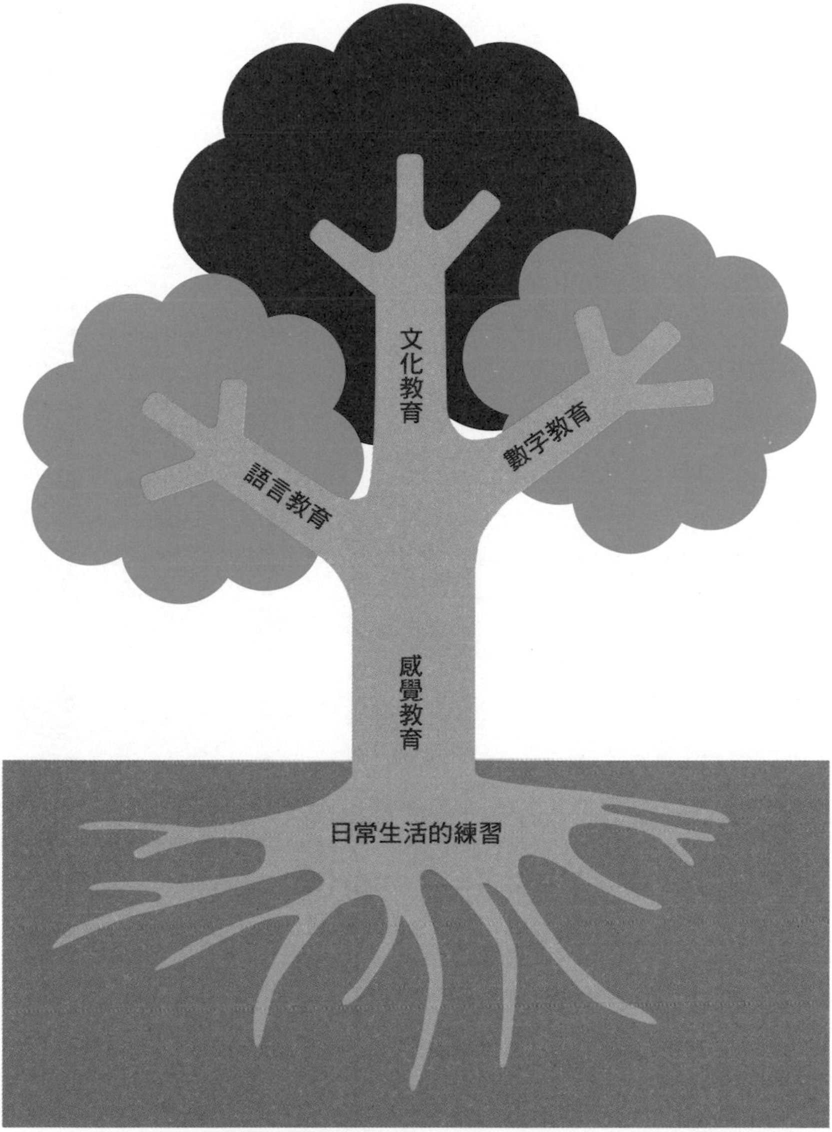

參考：擷自《用漫畫輕鬆認識蒙特梭利教育》（暫譯，田中昌子著／日本能率協會經營管理中心）

建議透過居家蒙特梭利教育來發展非認知能力

建議透過教具與活動來發展非認知能力

蒙特梭利教育的教具有兩大類，一種是提高所謂認知功能的教具，比如加深數字理解的教具、讀寫相關的教具等，另一種則是發展非認知能力的教具。這些對孩子而言都是相當重要的領域，而且即便是數字教具也有其他面向，不能一概論斷只能發展算數上的認知能力。這是因為每一種教具都是根據孩子的敏感期來提供的，一種教具可以培育出各式各樣的技能。實際上，據說若持續埋首於讀寫教具，還能培養出毅力，而隨著語言能力的提高，也會具備溝通能力。然而，這當中也有一些項目是專門用來發展非認知能力的。

因此，Part5將會介紹創意教具與活動，可以從0歲起就導入，在家中發展非認知能力。只要與孩子的敏感期吻合，應該就會著迷地執行工作。

推薦用來發展非認知能力的教具與活動

Part5將會依照下列5種類別逐一介紹創意教具與活動。

教具與活動	可以培育出哪些非認知能力?
日常生活練習的教具	蒙特梭利教育的基礎項目，目的在於學會有意識地做出精巧的動作。具體來說，是從嬰兒「抓取」物品開始，運用手指或全身來做日常生活的練習。如此一來便可掌握運用身體的方式與手指的熟練度，進一步培育出專注力與注意力。
感官教具	人類會運用視覺、聽覺、觸覺、嗅覺與味覺這五感來認識周遭的現象與事態。先透過五感來感受，再發揮記憶、想像與思考等智能。透過感官教具讓感覺更為細膩，藉此培育出更豐富的表達能力、想像力與思考能力。
日常的家務協助	烹飪、打掃、洗衣等為日常生活中的一環，讓孩子協助家務，藉此學習如何運用身體。做家事需要一些精細的動作，不斷反覆還能提高手指的靈巧度，進一步培育出注意力、規劃能力、專注力、善解人意等非認知能力。
孕育感性	在社會中生活，順暢溝通的關鍵在於表達能力。即便是傳達同一件事情，該選擇什麼樣的用語?若要用顏色來表達應該用什麼顏色?傳達的方式會因選擇而有所不同。了解各種表現方式，並透過不斷累積來磨練表達能力。
日常的全身運動	頻繁活動身體並不斷吸收各種事物，這個時期即為「運動的敏感期」。蒙特梭利教育認為，透過活動身體亦可讓精神與智力層面更為發達。比方說，當孩子做出把臉湊近花朵嗅聞氣味的動作，才首度讓花的氣味刻印在腦中。

務必遵守的5大事項

1 打造一個能讓孩子盡情埋首於工作之中的環境

讓孩子能盡可能順暢著手自己想做的工作是最理想的。為了實現這個目的，打造一個易於選擇教具且能靜心埋首於工作之中的環境至關重要。具體來說，最好留意以下幾點事項。

- ☑ 不要有太多教具可選
- ☑ 東西配置於固定的地方
- ☑ 留意孩子視線的高度
- ☑ 確保有足夠空間可以安全地進行活動
- ☑ 決定好執行工作的地方（桌子等）
- ☑ 事先做好準備以免在途中來回走動

2 準備便於孩子操作的用品

準備的教具大小是否適合孩子？請站在孩子的角度，確認大小、重量與形狀是否便於孩子操作。此外，以年齡來看，只要不構成危險，不妨盡可能提供真實物品，像是木材、玻璃與陶器等。讓孩子接觸真實物品的材質，學會如何謹慎對待物品。

連抹布都選兒童尺寸！

在居家蒙特梭利教育中

③ 理解各領域間的關聯性，不要勉強推進

5大領域與教具之間分別有著密切的關聯。請務必讓孩子經歷每個階段，均衡地投入其中。以一個2歲大的孩子為例，即便教了十字繡，也不可能學得會。必須先經過用指尖捏物、將線穿過洞孔、縫直線等階段，才能學會十字繡。只要不做超出能力範圍的事，按部就班地反覆進行，孩子就會獲得莫大的滿足，進而發展其非認知能力。

④ 守護的心態至關重要

教具終究只是協助成長的輔助工具。並非備齊教具就能順利推行蒙特梭利教育。重要的是，大人要相信孩子的「自我教育力」並從旁守護。此外，還要仔細觀察孩子目前正處於什麼樣的敏感期，試圖學習什麼樣的內容。巧妙活用符合敏感期的教具，貼近孩子的積極性，孩子應該就會穩步成長。

⑤ 「引導」而非教導

大人的任務在於引導孩子自己思考、自己得出答案，而非指示孩子「這樣做」或「應該這樣做」。使用教具時，應先由大人示範，這種時候僅止於緩緩地展示做法，而非用語言來說明。如此一來，孩子也會專注地觀察大人的做法，並在嘗試錯誤中，憑自己的力量成長。

Column 3

在「有限制的自由」中培育出能自我管理的孩子

蒙特梭利教育對「讓孩子自由選擇」極其重視。正如到目前為止所傳達的，大人應盡量避免摻雜自己的想法或意見，也不要指示結束的時間點，或出言阻止孩子做某件事。

然而，絕對不是讓孩子自由做任何事都無所謂。蒙特梭利認為，「自由應奠基於規律」。任由孩子為所欲為只不過是一種放任，倘若以「自由」一詞為由，無拘無束地恣意妄為，這個社會根本無法運作。以交通規則為例，如果不遵守交通號誌，我行我素地開車，會引發車禍或造成塞車。唯有遵守規則方能開車，大家才可以安心地在街道上行走。

在蒙特梭利教育中，必須保障的是以下的自由：

- **選擇的自由（選什麼都可以）**
- **持續作業的自由（重複做幾次都可以）**
- **停止作業的自由（何時結束都可以）**

另一方面，若是會對旁人造成困擾、會傷害到誰，或是伴隨著危險的行為，則有必要確實提醒並加以阻止。

正因為有這樣的限制與規律，自由才能獲得保障，讓身為社會一員的孩子得以獨立自主。在居家蒙特梭利教育的情況下亦然，請費些心思確實提出應遵守的規則，比如「到了晚餐時間，今天的活動就要結束喔」、「只要是這個房間內，在任何地方進行都可以」等，並且守護孩子的選擇自由與活動。

Part 4

居家蒙特梭利教育中有助於發展非認知能力的用詞遣字

即便試圖在家裡導入蒙特梭利教育，孩子有可能一下子就厭煩、不看大人示範、或是做法錯誤等，不見得能如預期般進行。因此，我們請教了監修本書的「東雲蒙特梭利兒童之家」的三井園長、赤塚老師與岡山大學的中山教授，在不同的情境與狀況中，應該採用什麼樣的用詞遣字。

Q1 當孩子著迷於某件事時

基本上父母最好不要出聲也不要現身，讓孩子盡情做想做的事。孩子會全神貫注在著迷的事物上，如果在這樣的狀態下出聲搭話，孩子會在那一刻回過神來而中斷其專注力。

為了避免這種情況，當孩子著迷於某件事時，**確認其安全並從旁守護才是最理想的。**當孩子心滿意足地自己結束活動後，不妨對孩子說些溫暖的激勵話語。

Q2 當孩子為了某件事而付出努力後

請稱讚其努力的過程而非做出的成果。對孩子說「你努力了好長一段時間呢！」、「這麼困難，但你還是堅持到最後了！」等，把「從之前就一直很努力」這點傳達給孩子知道。**關鍵在於讓孩子明白，是因為有那段過程才獲得好的結果。**

當結果不佳時，請稱讚其努力的過程，試著告訴孩子，相信下次肯定能有好的結果。

除了語言之外，透過笑容、擁抱或擊掌等，也能傳達感受。

Q3 雖然示範了工作的做法，孩子卻還沒看就躍躍欲試

似乎有不少2~3歲左右的孩子會迫不及待地開始做。這種時候**請詢問孩子「你想要怎麼做呢？」，試著讓孩子自由發揮。**這種時候，即便做法有誤，也絕不加以否定，而是傾聽孩子的想法，再試著說「你看我做喔」，讓孩子觀看大人的做法。

此外，也有可能是這項工作並不符合孩子的發育年齡。這種時候說聲「我們下次再做吧」，暫時撤回也是一種方式。

Q4 希望孩子不要太快放棄、再稍微堅持一下的時候

辨別孩子的能力，試著按部就班地一步步進行，並告訴孩子「你完成到這個步驟時，要讓我看看喔」。即便孩子因為不順利而發脾氣，也不要過於勉強，而是安慰孩子：「你能努力做到這樣已經很棒了，我們下次再試試吧。」此外，建議也可以換個等級稍低的工作。

關鍵在於，**仔細觀察失敗的原因並從旁協助。**試著以簡單易懂的方式稱讚孩子已達成的事情以及付出的努力，並讓孩子自己選擇是否再次挑戰，或是下次再試。

Q5 當孩子失敗時

這真的是失敗嗎？孩子會為了無法達成而覺得不甘心。**大人不要斷定是失敗，而是試著與孩子一起從中探尋成功的一面，甚至是其他價值。**並細心地告訴孩子：「試著換個角度來看，這不見得是失敗。」

此外，還有一種方式是由父母稍加修正來展示「如果這樣做就會變成這樣，很有趣吧」，以此向孩子傳遞一個道理：「即便用非正規的方法也能有所發現」。

Q6 當孩子說出「我就是做不好嘛」等消極的發言時

請試著回顧一下，平常是否都只針對成果的好壞來稱讚孩子呢？如果過程所費的心思與努力得到慰勞或好評，無論成果如何，孩子都會感到欣喜。比方說，畫媽媽的臉時，就算孩子只畫了一個圓，也不要說出「臉應該這樣畫吧？」之類的話來加以否定，請試著告訴孩子：「謝謝你把我畫得這麼棒，媽媽好開心。」如果孩子仍會說出消極的話，不妨傳遞一些積極的感想，比如「會嗎？媽媽很喜歡耶！」等等。

Q7 當孩子對某些事物感到害怕時

害怕的感情中含括了2種面向，即「不安」與「對事物本身的恐懼」。害怕陌生場所或是怕生大多是不安的一種表現，所以不要強求，而應認為光是能待在那個環境裡就已經很了不起，再多體驗幾次就會習慣。如果是對事物本身的恐懼，有些案例是透過了解該事物的真實面貌來解決。比方說，如果害怕蟲子，就透過圖鑑來加深知識，或是一起觀察螞蟻等身邊的昆蟲。千萬不要說出「這才不可怕」之類的話來加以否定，**重要的是，要貼近孩子感到害怕的心情。**

Q8 當孩子因為某些事而感到沮喪時

詢問孩子「怎麼了？」、「沒事吧？」卻得不到任何回應時，**不妨先從旁守護。**孩子到了3、4歲時，會想要獨處，或是有些祕密不想讓父母知道。不妨試著說「有煩惱要隨時說出來喔！」等話語來貼近孩子的感受，再找個適當的時機詢問「你還好嗎？」。

此外，找個可以轉換心情的話題或打造環境也是有效的。有時一點轉變就能轉換心情。

Q9 當孩子自我吹噓「我很厲害吧！」時

孩子都會希望得到讚美，但不該誇張地讚揚「你好厲害，做得真棒，完成了再給我看吧！」等，最好試著**表揚其過程，鼓勵孩子做出下一個挑戰**。

此外，方法會依孩子希望獲得稱讚的內容而異，請針對孩子賣力達到的成果以及其努力大加讚揚，而不是以大人的標準來衡量或是與其他孩子做比較。接著不妨再進一步提示稍微高一點的目標，試著激發出孩子的幹勁。

Q10 當孩子因不順己意而鬧彆扭時

先暫時放著不管，避免立即介入。**等過一段時間孩子平靜下來後，再溫柔地問「你有什麼不開心的事嗎？」，詢問理由並貼近孩子的感受**。接著以「你想要這麼做，但是不順利，所以覺得很難過對不對？」等方式，替孩子把想法講出來。

如果原因在於孩子的行動，就要一起思考該怎麼做才好。

Q11 因為大人的狀況，無論如何都希望孩子動作快一點時

在蒙特梭利教育中，最理想的狀況是盡可能地陪伴，直到孩子本人心滿意足為止。然而，無論如何都無法配合他們時，也沒必要勉強。**請試著採取與孩子競速或從旁協助等方式，讓孩子心滿意足地結束工作。**如果孩子無論如何都想自己完成，就把項目縮減為一項，其餘的則由大人幫忙。

此外，最好向孩子說明為什麼希望快點完成，並在孩子配合後，說聲「謝謝你，真是幫了大忙呢。」來表達感謝。

Q12 當孩子沉迷於遊戲中而對大人說的話充耳不聞時

只要生活步調允許，尊重孩子的意願是最為理想的。要為孩子著迷於遊戲感到開心，並盡可能不要干涉。然而，**平日必須貫徹規則，像是確實遵守用餐時間、回家時間與睡覺時間等**，最好事先告知「我們到幾點就要回家」。

孩子在外面玩得太投入而不想回家等情況下，也可以提供「再玩3次」或「玩到5點」等選項，**讓孩子自行決定回家的時間**。

Q13 當孩子我行我素且說話任性時

孩子從4歲左右開始，會漸漸與周遭朋友一起玩耍，並從中學習人際關係。**透過「朋友覺得很困擾耶」、「大家都想玩，所以要輪流玩」、「你這樣太任性，會沒辦法和大家一起玩喔」等話語，慢慢教會孩子哪些言行是任性的。**

此外，還有一種手段是不要理睬，大人沒必要對孩子的每一句話都做出回應。要清楚地傳達給孩子知道，不行的事情就是不行，盡量避免發生「父母妥協而孩子稱心如意」的狀況。

Q14 當孩子和朋友吵架時

雙方會各執一詞，所以不要以單方面的說詞來判斷。「可以跟我說說你們為什麼吵架嗎？」，**聽取雙方的主張後，和孩子一起思考看看，該怎麼做才不會吵架。**因為產生什麼樣的感受導致雙方吵起來，透過對話來了解對方的心情也是很重要的。

如果孩子已經5、6歲了，大人也可以不介入，讓孩子自行溝通。有些情況下，孩子當中會有人較善於調解紛爭，而孩子們對於同儕的說法也比較容易接納。

Part 5

居家蒙特梭利教育的77項學習項目

敏感期都是集中出現在嬰幼兒時期。蒙特梭利教育的教具與工作可以貼近孩子的敏感期，在此介紹一些在家也能模仿的創意。有些工作可以從0歲開始進行，務必從嬰兒時期開始密切觀察孩子，並試著將這些導入日常生活之中。

握住・抓住

當孩子開始胡亂抓取東西

01 利用寶特瓶製作沙沙瓶

▶ 從3個月左右開始訓練【握力】【抓力】

這是將色彩繽紛的小球、可發出聲音的鈴鐺或珠子等，裝進寶特瓶中製成的手作沙沙瓶。搖晃瓶子可以進一步強化孩子的抓力，還能透過聲音與顏色來刺激視覺與聽覺。

作法

1 撕掉小型寶特瓶(50～100ml)上的標籤，清洗並徹底晾乾備用。

2 把五顏六色的絨球或珠子、會發出聲音的鈴鐺等裝進1中，再用絕緣膠帶固定瓶蓋即完成。

配合孩子的月齡逐步加大寶特瓶即可

來自園長的建議

透過看、聽與觸摸，可以刺激好幾種感官。孩子在這個時期什麼東西都會往嘴裡放，所以要格外留意別讓內容物掉出來！最好用膠帶牢牢固定好瓶蓋。

令人期待的能力

出生3個月後，孩子會漸漸學會使用手。在此之前，手都反射性地握著拳，開始會攤開手掌心或用力握緊，並覺得抓取東西很有趣。

02 毛茸茸抓球器

從8個月左右開始訓練【握力】【抓力】

如果孩子已經有了握力，不妨試著挑戰這項工作：取出、放入毛茸茸的球。透過反覆抓住並取出，即可更巧妙地運用手指。孩子會試圖抓住鎖定的球，所以也能培養視覺與專注力。

作法

1 準備一個足以讓手放入的稍大型塑膠容器與袖套。將袖套裁剪成兩半。

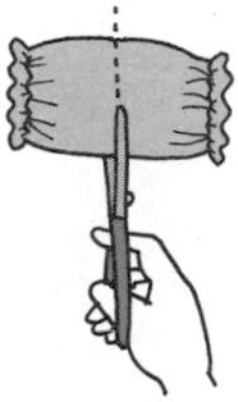

2 將裁剪部位的布套在容器的開口上，用膠帶加以固定，讓袖套的鬆緊帶部位落在容器的上方。將2種顏色的彩色絨球放入其中。

3 這項工作是要將手穿進入口，抓住絨球，取出後再放回去。另外準備一個容器來放取出的絨球。

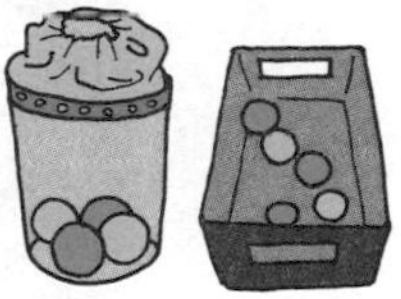

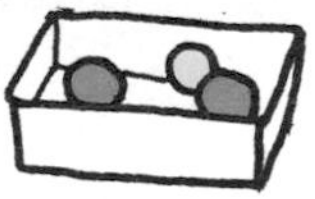

不光是取出，孩子也很愛把球放入或丟入的動作

來自園長的建議

一開始請先從易於抓握的素材開始挑戰，再循序漸進地提高難度，逐步縮小尺寸或改成滑溜的素材。

03 令人雀躍的毛毛蟲

■▶ 從8個月左右開始訓練【拉力】【抓力】

有些家長應該有過這樣的經驗：覺得孩子好安靜，結果發現衛生紙全被抽出來了。有了這項教具，怎麼拉扯都無所謂。如果孩子對扣鈕扣有興趣，也可以從解鈕扣開始玩！

作　法

1 在空的面紙盒上套上面紙盒套。將彩色毛氈剪成10cm的圓形，用鈕扣連接起來，放進面紙盒中。

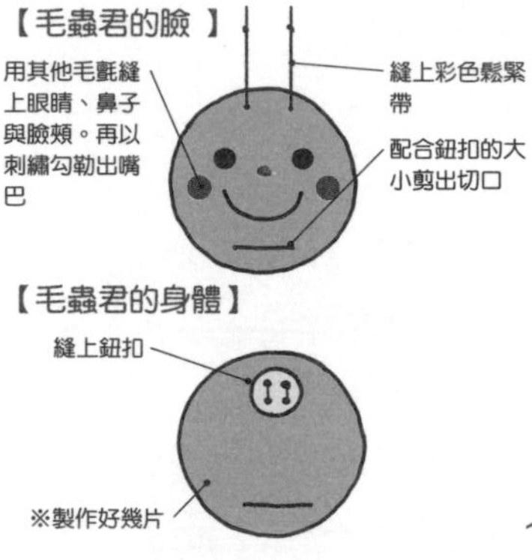

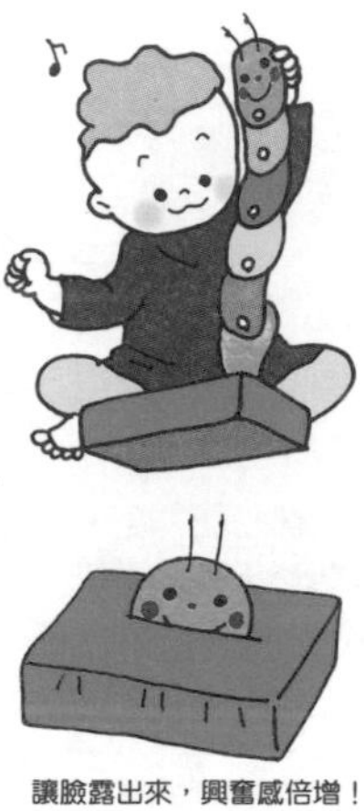

【毛蟲君的臉 】
用其他毛氈縫上眼睛、鼻子與臉頰。再以刺繡勾勒出嘴巴
縫上彩色鬆緊帶
配合鈕扣的大小剪出切口
【毛蟲君的身體】
縫上鈕扣
※製作好幾片

讓臉露出來，興奮感倍增！

04 鏈條拉拉樂

■▶ 從1歲左右開始訓練【拉力】【抓力】

當孩子會抓取稍小型的東西後，便可挑戰鏈條拉拉樂。指尖會受到刺激，並對不斷拉出來的鏈條感到興致勃勃。貼上漂亮的布，看不到內容物會更具吸引力。

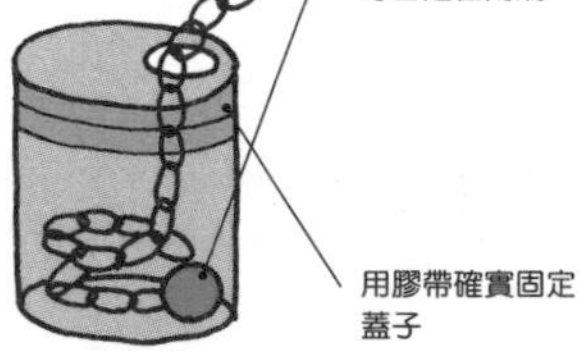
利用繩子把一顆比洞孔還大的球等固定在兩端

用膠帶確實固定蓋子

令人期待的能力

當孩子能夠巧妙地抓取與握住東西後，便會漸漸開始把東西往自己的方向拉。透過拉扯的動作，可以鍛鍊孩子的手臂與肩膀的肌肉。

05 嘿咻嘿咻大力士

從1歲左右開始訓練【拉力】【抓力】

當孩子熟練把東西往身邊拉之後，便可挑戰抓住握環往下拉動的動作。透過反覆施力拉動重物的動作，即可學會控制力氣。此外，當孩子掌握力道後，也會漸漸懂得「輕柔地」拉動。

作法

1 將S型勾環與稍粗的棉繩穿過小型的積木圓環。

2 將1的棉繩末端與束口袋的繩子綁在一起（a）、另一側的末端則綁在一個大型的積木圓環上（b）。

3 把稍微有點重量的東西，比如裝了水的500ml寶特瓶等，放入束口袋中，確實束緊袋口，再把S型勾環掛在可以吊掛的地方即完成。

來自園長的建議

抽出面紙或拉扯某些東西的動作常見於1歲左右的孩子。這是想讓東西靠近自己，並對前面有什麼樣的東西感興趣的一種表現，所以不妨讓孩子盡情去做。

06 彈力球丟丟樂

▶ 從1歲左右開始訓練【抓力】【手指的控制】

1歲左右是只要有球與容器就什麼都想往裡面丟的時期。把彈力球丟進玻璃瓶中，會多次反彈而發出砰砰聲，所以還能享受聽覺與視覺上的樂趣。

07 郵筒投遞趣

▶ 從2歲左右開始訓練【捏力】【手指的控制】

也很推薦使用郵筒來執行丟物工作。把彩色圖畫紙貼在厚紙板上製成的信件丟進盒製郵筒中，會發出咚的掉落聲……。

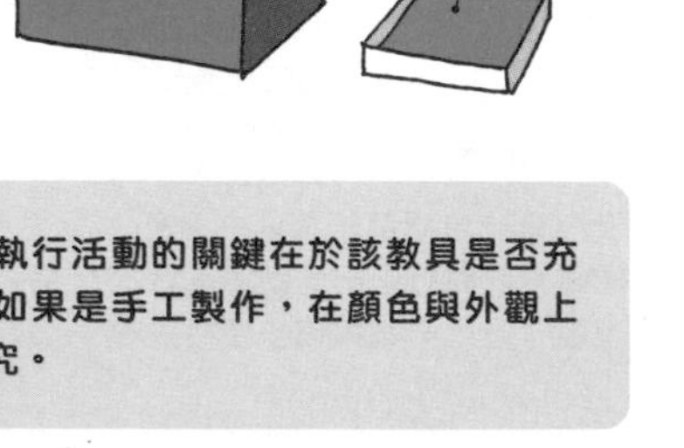
厚紙板製的信件
以7×5cm左右的
大小最為理想
製作大量信件並
放入盒中管理

來自園長的建議

讓孩子反覆執行活動的關鍵在於該教具是否充滿吸引力。如果是手工製作，在顏色與外觀上也要格外講究。

日常生活
練習的教具

丟物

當孩子開始胡亂把東西往洞裡丟

令人期待的能力

「抓取」與「握住」的動作熟練後，孩子會漸漸學習投入與投擲的動作。當大拇指、食指與中指的力氣變強後，還會使用油炸夾等工具來夾取物體。

08 吸管丟丟樂

從1歲半左右開始訓練【捏力】【握力】

捏取像吸管這類細型物體往洞裡丟的動作需要相當細膩的操控。可以鍛鍊握力，還能連帶學會用油炸夾夾取物體的動作或是使用剪刀。

準備教具時，可以在圓筒狀特百惠容器的蓋子上鑽孔等

09 牙籤丟丟樂

從2歲左右開始訓練【捏力】【手指的控制】

若要進一步練習更精細地運用指尖，不妨使用牙籤。要把細小的牙籤丟進小孔中，不僅要控制指尖，還需要專注力。

準備好牙籤
只要將牙籤兩頭上色成紅色與藍色等，還能增添辨別顏色的樂趣！

來自園長的建議

丟物工作也可以用各種素材與物品來代替。進一步使用多種顏色，便可作為進階工作，讓孩子分辨顏色等，可以有好幾種玩樂的方式。

10 油炸夾與絨毛球

▶ 從2歲左右開始訓練【捏力】【手指的控制】

準備紅、藍、綠等基本色的絨毛球，以及貼紙與油炸夾。這項工作是先在製冰盒裡貼上彩色貼紙，再用油炸夾夾球放入相同顏色的地方。當孩子對顏色產生興趣後，不妨增加顏色，並在活動過程中說出顏色的名稱。

在製冰盒裡貼上與絨毛球相同顏色的貼紙

變化版

即便沒有製冰盒，改用不同顏色的盤子或是在白色盤子上貼彩色貼紙也OK。

如玩扮家家酒般，遞出盤子並說出「請給我一顆紅色球」的要求，請孩子放進盤中。

來自園長的建議

如果用油炸夾夾物仍有困難，亦可用手指抓取。不妨透過「哪一顆是紅色呢」的提問，讓孩子意識到顏色。

日常生活練習的教具

捏住

當孩子學會用指尖捏物

令人期待的能力

據說孩子一般會在1歲左右從用手抓物轉移到用大拇指與食指捏物的動作。透過指尖的運用，也會逐步學會使用鑷子與筷子等工具。

11 鑷子與小珠子

▶ 從3歲左右開始訓練【捏力】【手指的控制】

用鑷子夾住如珍珠般美麗的小珠子，一顆顆擺放在吸盤型的肥皂架上。這項工作的難度比表面上看起來的還要高，可培育指尖的靈巧度與專注力。

12 義大利麵夾夾樂

▶ 從3歲半左右開始訓練【捏力】【手指的控制】

當孩子熟練鑷子的操作後，接著便是挑戰筷子。也可以先從撈取般的動作開始。透過反覆進行即可掌握使用筷子的訣竅。

來自園長的建議

從油炸夾→鑷子→筷子，進階時如果太快提高難度，孩子會漸漸不想執行該工作。大量練習到可以輕鬆達成後，再進入下一個階段，孩子的挑戰意願便會有所提升。

⑬ 小動物夾夾樂

▶ 從2歲左右開始訓練【夾力】【指尖的熟練度】

用洗衣夾擬作魚的尾鰭、貓的鬍鬚、兔子的耳朵或螃蟹的腳，夾上去即完成。不妨先從大型的洗衣夾開始嘗試。

【圖案 ➡ P.139】

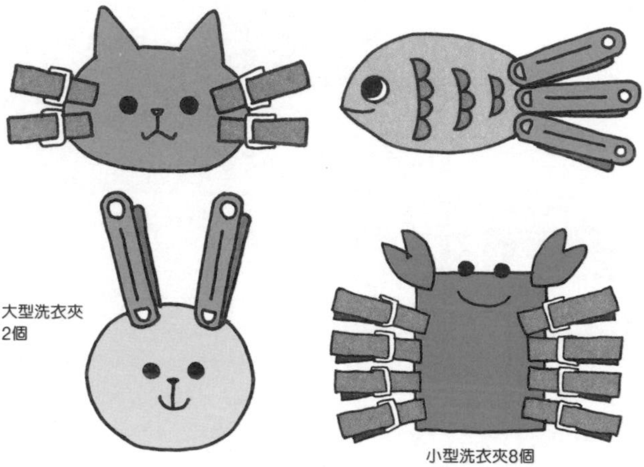

Step up

曬衣服

只要孩子能巧妙地運用洗衣夾，就連曬衣服也難不倒。務必請孩子幫忙。

來自園長的建議

另外，也可以利用大型洗衣夾夾住保鮮膜紙筒，相接起來製成恐龍……。只要孩子學會巧妙地運用洗衣夾，也會逐步學會鉛筆與剪刀的操作。

日常生活練習的教具

夾住・打開・固定

當孩子的指尖比較有力後

令人期待的能力

當孩子能巧妙運用大拇指、食指與中指這3根手指後，不妨試著開始「夾住」的工作，指尖的控制力會有所提升。

14 打洞樂趣多

從2歲半左右開始訓練【夾力】【指尖的熟練度】

這項工作是利用打洞機喀擦喀擦地打洞，完成一些圖樣。即便會打洞，要完美對準圓圈的位置並不容易，所以一開始請試著讓孩子自由地打洞。

【圖案 ➡ P.143】

15 利用釘書機來個大合體

從3歲左右開始訓練【夾力】【指尖的熟練度】

利用釘書機將裁剪成小張心型的彩色圖畫紙固定在仿樹狀的彩色圖畫紙上，讓樹上結出大量心型的果實。請挑選「小型款」或「不會太緊」的釘書機，以便孩子操作。

【樹與心型圖案 ➡ P.143】

一開始要先提醒孩子格外小心釘書針。

來自園長的建議

釘書機是需要手指力量的工具。一開始可能不容易，請巧妙地敦促孩子先嘗試雙手並用，待熟練後再改用單手。

日常生活練習的教具

穿洞

當孩子開始注意到「穿洞」的動作

16 套圈圈

▶ 從1歲半左右開始訓練【手指的熟練度】【專注力】

這項工作是要把色彩繽紛的髮圈套進百圓商店也買得到的廚房紙巾架上。如果套入的難度太高，請先嘗試把已經套入的橡膠圈拿出來。

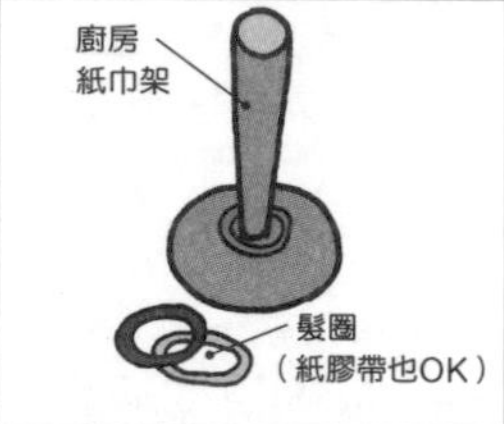

17 大珠珠串串樂

▶ 從2歲左右開始訓練【手指的熟練度】【專注力】

不妨試著挑戰把珠子穿進繩子的工作。建議一開始先用2～3cm的大珠珠。先設立好目標，比如「串成項鍊」等，還可嘗到成就感。

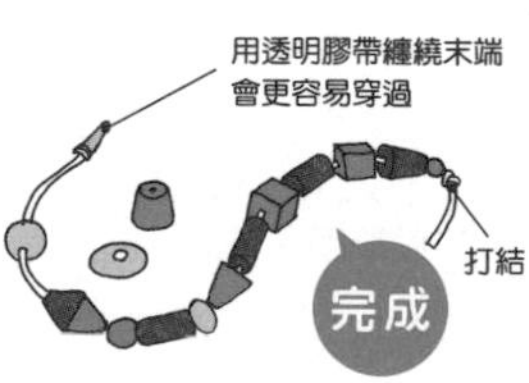

令人期待的能力

穿洞工作與「針縫」息息相關。必須具備巧妙運用指尖力道的熟練度，還要仔細看著孔洞，所以還可培養專注力。

18 穿毛線

▶ 從3歲左右開始訓練【手指的熟練度】【專注力】

這項工作是要把葉子固定在紅蘿蔔上。在裁剪成紅蘿蔔形狀的彩色圖畫紙上方打好幾個洞，再將綠色毛線穿過去。另外還可應用於章魚、烏賊或獅子上。

【圖案 ➡ P.144】

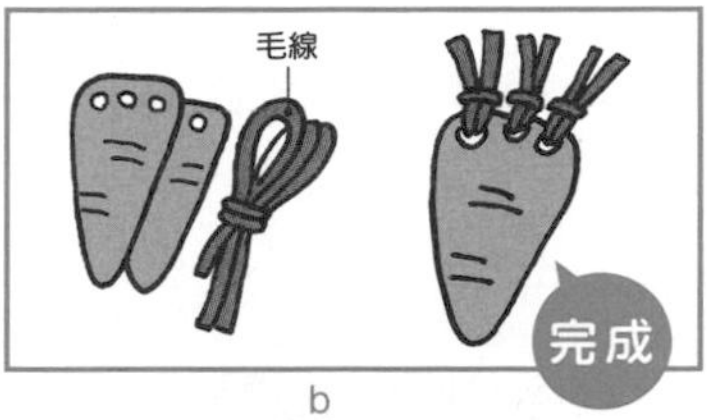

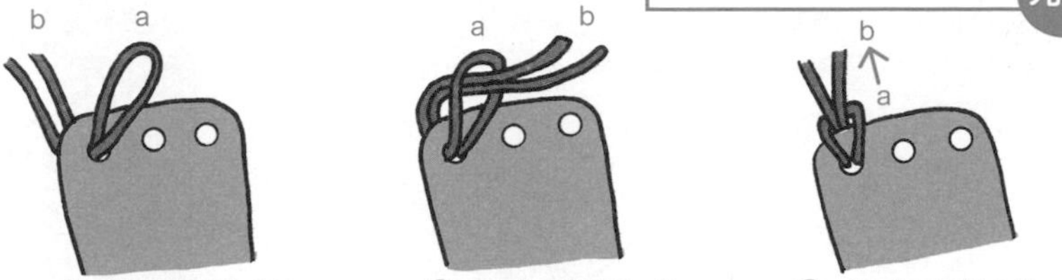

1 將毛線對折後穿過洞孔。

2 將b的毛線穿入a的圓環中。

3 將b的毛線往上拉緊。

19 手鍊與項鍊

▶ 從3歲左右開始訓練【手指的熟練度】【專注力】

準備幾張剪成花形的彩色圖畫紙，用打洞機在中央打孔，與剪成1cm左右的吸管交錯穿進毛根。不妨試著將毛根塑形成圓環，製成手鍊，或是改為穿線，製成項鍊。

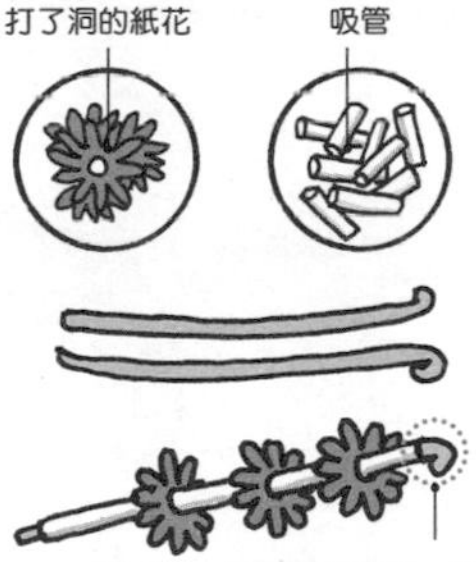
毛根末端先扭一個彎

當孩子學會後，改用針與線，交錯吸管與紙花串成項鍊！

來自園長的建議

一邊思考順序，一邊交錯穿進去，如此一來，孩子的專注力便會有所提升。一開始可能不會交錯著穿，或是長度不齊，即便做得不夠好，也要加以稱讚。

20 插吸管

從2歲左右開始訓練【指尖的熟練度】【專注力】

建議先從捏取吸管插入塑膠盤中的工作開始。要將捏取的東西插進洞裡，需要指尖的控制力與專注力。

作　法

將塑膠食品盤翻過來，等間隔地打出約4×6排的洞，再將剪成約3cm長的吸管逐一插入。

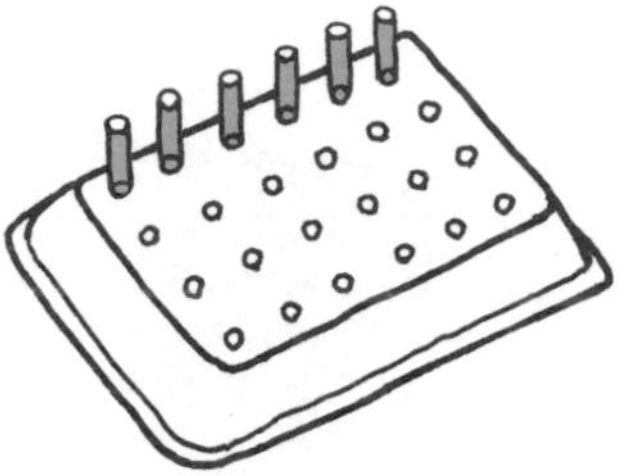

21 插裝飾叉

從3歲左右開始訓練【指尖的熟練度】【專注力】

等孩子熟練吸管後，再挑戰用裝飾叉。用手捏取比吸管還細的裝飾叉來進行插入工作，這一連串的動作格外需要專注力。

務必先在欲插入的地方標示記號。
關鍵在於，讓孩子有意識地用裝飾叉的尖端對準記號來進行插入

令人期待的能力

當孩子學會用大拇指與食指來捏物後，便可挑戰需要細微動作的插物工作。最終還能漸漸學會「針縫」。

22 插花

從3歲左右開始訓練【指尖的熟練度】【專注力】

妝點便當用的裝飾叉或牙籤上，會有花卉、動物、國旗等多種款式。因此，不妨試著利用花型裝飾叉來打造花田。輕快插入的感覺也很接近針線工作，所以務必試著導入，作為針縫的預備階段。

作法

在小盒子上穿孔，再將花型裝飾叉插入，全部插完後，再將裝飾叉拔出來，放回容器中。這項工作含括放回的這個動作。光是改變裝飾叉，就能擴展出各種創意發想。

【以動物裝飾叉打造成動物園】

【以國旗牙籤打造成蛋糕】

變化版

馬芬造型毛氈團上已先在欲插入的位置做了記號，將草莓等裝飾叉插入即可。

將圖釘插入已在欲插入的位置做了記號的軟木板中。

來自園長的建議

要一隻手按壓物件，另一隻手將裝飾叉插入與拔出，這個動作意外地需要訣竅。透過反覆進行可以逐漸培養出施力的方法、插入的方向等感覺。

㉓ 撈金魚

▶ 從2歲半左右開始訓練【手指的控制】

讓裝了少許彩色水的魚形醬油瓶（便當專用）漂浮在裝滿水的大碗缽中，再用有孔的湯勺一一舀出來。若放入金魚缸中則可增添逼真感。

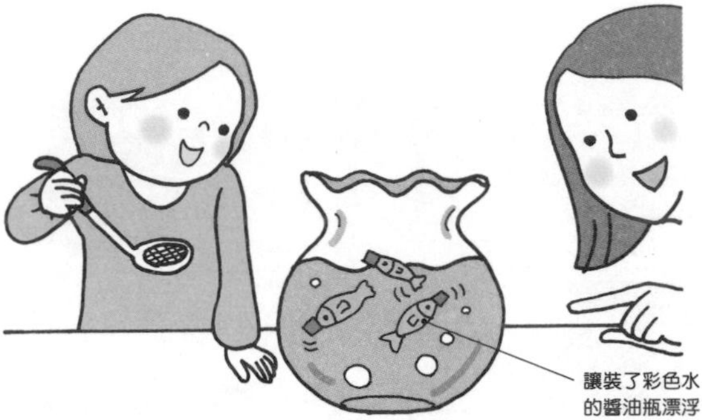

讓裝了彩色水的醬油瓶漂浮其中

變化版

湯匙舀豆子

將紙製漏斗插入玻璃瓶中，再用湯匙舀取豆子，移至漏斗中。

用湯匙舀取豆子，移至漏斗中
用紙張製作漏斗

來自園長的建議

舀取工作對3歲左右的孩子再適合不過了。該用什麼樣的工具舀取什麼樣的物品呢？素材與工具之間的平衡是一大關鍵。最好避免較難舀取的重物或大型物體。

令人期待的能力

舀取等動作的關鍵在於，移至器具時要轉動手腕。孩子可透過這個動作學會靈活地運用手腕。

24 用磁鐵來釣魚

■▶ 從1歲半左右開始訓練【手指的控制】

在彩色圖畫紙上描繪魚的插圖，用剪刀剪下後貼上迴紋針。將棉線固定在免洗筷上，並於另一端綁上磁鐵，以此製成的釣竿來釣魚。棉線會搖來晃去，所以必須精細地控制手部。

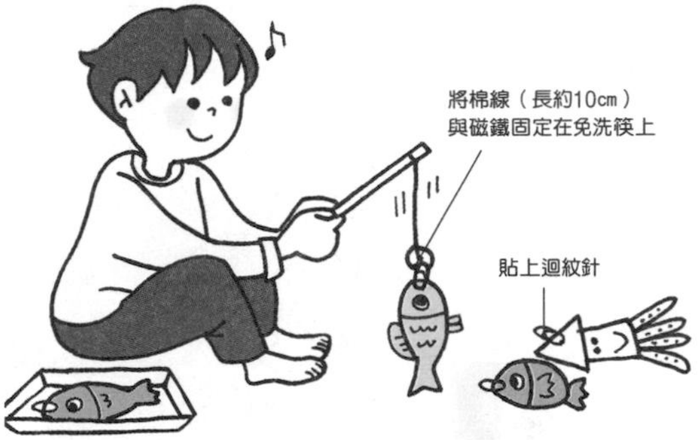

25 用鉤針來釣魚

■▶ 從3歲左右開始訓練【手指的控制】

這項工作是要把鍊環等放入瓶中，再用鉤針釣出來。即使沒有鍊環，只要是可以鉤住的東西都OK。瞄準洞環並鉤住的這種動作必須視覺配合手部的協調。

來自園長的建議

鉤針有尺寸之分，請先用大鉤針來挑戰看看。拿鉤針的方式和握筆一樣，所以孩子也會漸漸學會拿鉛筆或使用筷子。

26 旋轉陀螺

▶ 從2歲左右開始訓練【扭轉力】【握力】

在日常生活中也常會用到運用手腕的扭轉動作，比如打開寶特瓶瓶蓋，或是旋入螺絲等，但難度意外地高。不妨透過旋轉陀螺等遊戲來掌握訣竅。

作 法

1 將瓦楞紙裁剪成圓形，在中心處打2個足以穿過繩子的洞，繩子穿過帶腳的鈕扣（大型的珠子亦可）固定於下側，上側再穿過加強用的鈕扣，上下夾住瓦楞紙。

2 將衛生紙紙筒裁切成一半，於其中一側剪出切口並往外摺，貼於瓦楞紙的中心處。

3 利用手工藝專用（或是木工專用）的黏著劑，將布貼上做最終潤飾加工，便可既美麗又牢固。

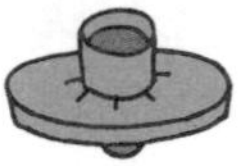

貼上紙並描繪圖樣或花紋也OK

來自園長的建議

等孩子4歲後，不妨嘗試一起製作簡單的陀螺，只須將瓦楞紙裁剪成圓形，並在中心處插根牙籤即可。試著發揮各式各樣的巧思來添加顏色與花紋，藉此觀察旋轉時的變化。

旋轉・扭轉

當孩子開始對打開蓋子感興趣

令人期待的能力

當孩子能巧妙地用大拇指、食指與中指這3根手指來捏物後，便會漸漸學會運用手腕來進行用力扭轉與輕輕扭轉的動作。

27 開關蓋子

▶ 從1歲半左右開始訓練【扭轉力】【捏力】

單手拿寶特瓶並用3根手指捏住瓶蓋，可藉此提升手指的熟練度。未開封的瓶蓋太緊，所以要從喝完的寶特瓶開始練習，先清洗乾淨，並將瓶蓋稍微旋鬆。不妨從平日裡就收集一些孩子較容易打開或關上的容器，比如化妝品的容器等。

28 開鎖或上鎖

▶ 從2歲半左右開始訓練【扭轉力】【捏力】【專注力】

這項工作使用了南京鎖，孩子會覺得喀擦一聲打開鎖十分有趣而為之著迷。必須思考鑰匙的方向，所以視覺與手指的連動性會有所提升。

務必妥善保管備用鑰匙

來自園長的建議

據說以前自來水水龍頭等大部分都是旋轉式的，但這類水龍頭最近愈來愈少見，旋轉的動作也就日益減少。請務必透過旋轉或扭轉的工作來培養孩子運用手腕的感覺。

29 利用杯子來轉移

▶ 從1歲半左右開始訓練【手指的力量】

準備2個大小可用手握住的塑膠杯，把大型豆子倒入其中一個杯子，再由此倒進另一個杯子，發出沙沙聲。

大型豆子或寶特瓶瓶蓋等能發出聲響的東西都OK

30 倒水

▶ 從3歲左右開始訓練【手指的控制】【專注力】

將水壺中的水倒入不同形狀的容器中。用膠帶等在3個容器上做標記，小心翼翼地將水倒入至標記之處。最好也準備毛巾或海綿，以便在水溢出時擦拭。

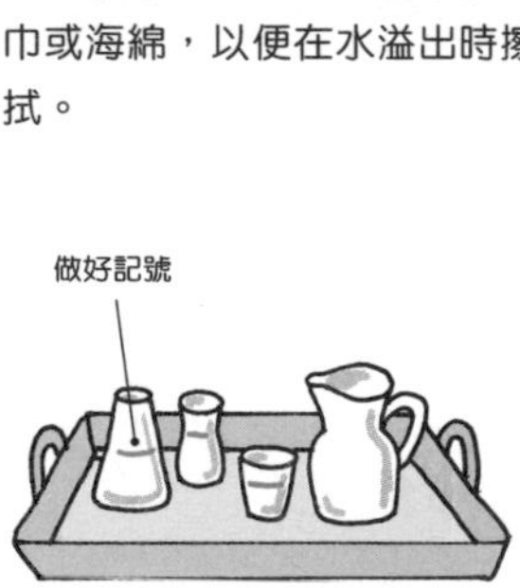

日常生活練習的教具

移動・注入

當孩子開始對注入液體感興趣

令人期待的能力

牢牢握住並翻轉手腕來注入液體，如此可讓孩子漸漸學會憑自己的意志控制動作，連帶專注力也有所提升。

31 澆花

從2歲半左右開始訓練【手指的控制】【專注力】

準備一個兒童尺寸的澆水器。亦可利用可裝在寶特瓶上的澆水噴頭，百圓商店都有賣。透過照顧植物來培養一顆溫柔的心。

32 倒茶

從4歲左右開始訓練【手指的控制】【專注力】

單手握住茶壺的把手，另一隻手壓在壺蓋上，微微傾斜壺身，倒出茶水。一開始最好先由大人緩慢地展示做法。

來自園長的建議

一開始或許會溢出來。這時候就教孩子用抹布擦拭。如有客人來訪，務必讓孩子倒茶再端出來。

33 摺手帕

▶ 從2歲左右開始訓練【手指的控制】

先從摺手帕著手。在手帕的四個角做記號，讓記號對準記號後，對摺。待孩子熟練後，也試著挑戰摺成四分之一或摺成三角形。

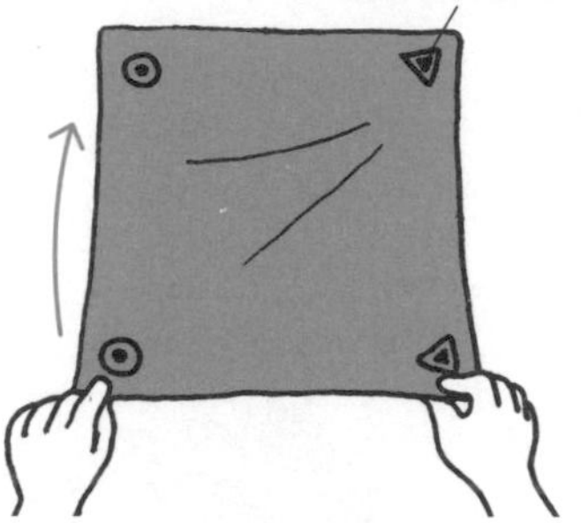

34 摺三角形

▶ 從2歲半左右開始訓練【手指的力量】【視覺與手指的連動】【專注力】

摺紙時要摺得漂亮，訣竅在於角與角要對齊，並以手指確實壓平。敦促孩子用手指在紙上緩緩滑動，仔細壓出摺線。將一般的色紙裁切成1/4大小，會更容易操作。

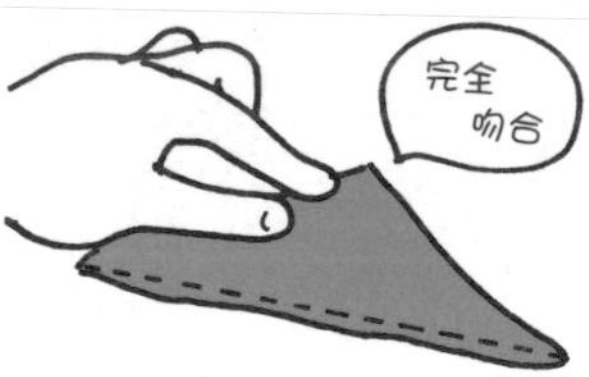

1 角與角對齊。

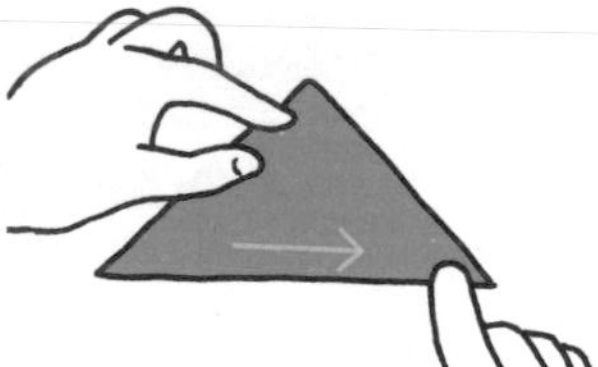

2 用手指壓平。

來自園長的建議

摺紙時，不妨從摺三角形著手，只須對齊一個地方的角。親自體驗即可明白，只要將正方形的色紙往斜邊摺，即可形成三角形，所以也能由此建構對圖形的理解與視覺上的認知能力。

日常生活練習的教具

摺起

當孩子開始對摺紙感興趣

令人期待的能力

摺紙時必須往指尖施力，並謹慎地壓出摺線，才能摺得漂亮。反覆這樣的動作有助於增加手指的力量，還能培育專注力與耐力。

35 蛇腹摺法

▶ 從3歲左右開始訓練【手指的力量】【視覺與手指的連動】【專注力】

待孩子熟練對摺後，不妨嘗試挑戰蛇腹摺法。一邊思考方向，一邊反覆摺疊，也有助於培養思考能力與耐力。

作法

1 準備2種顏色的彩色圖畫紙，裁切成寬1.5～2cm×長30cm的大小。

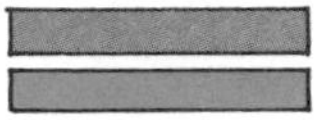

2 如插圖所示，將a重疊在b上，疊合部位用糨糊黏住。沿著黑線將位於下方的b彩色圖畫紙往上摺。

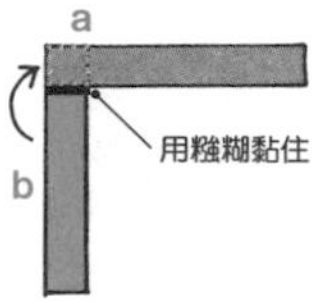

3 接著將a的彩色圖畫紙沿著黑線摺起。

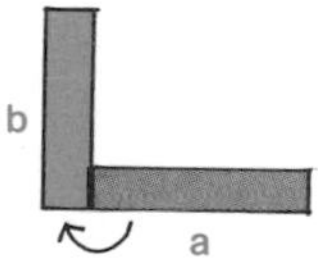

4 反覆2與3，即可逐步摺出蛇腹。

把摺好的蛇腹貼在大象底紙上，完成象鼻吧。

【圖案 ➡ P.141】

來自園長的建議

除了象鼻，還可以摺出青蛙腿、機器人腳，或讓蛇腹相連，製成蛇、項鍊、頭冠等。請透過孩子的自由發想，打造出精采的作品。

36 用彩色圖畫紙編織

▶ 從3歲半左右開始訓練【指尖的熟練度】【專注力】

先挑戰用彩色圖畫紙打造出格紋吧。不妨準備多種顏色的細長彩色圖畫紙（條），好讓孩子可以自由選擇顏色來搭配。

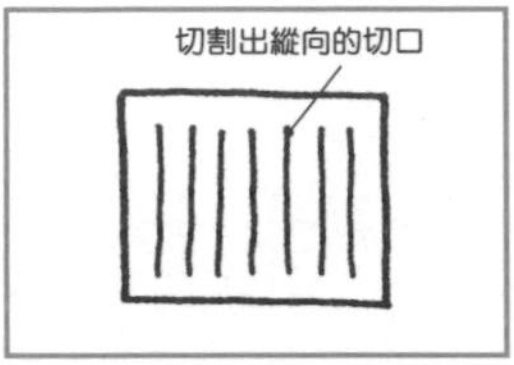

1 準備等間隔切割好縱向切口的彩色圖畫紙（底紙）。

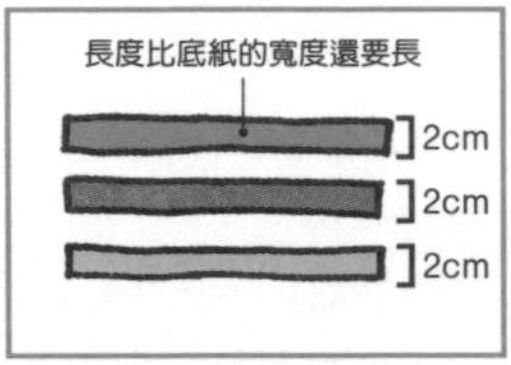

2 準備多種顏色但寬度一致的彩色圖畫紙（條）。

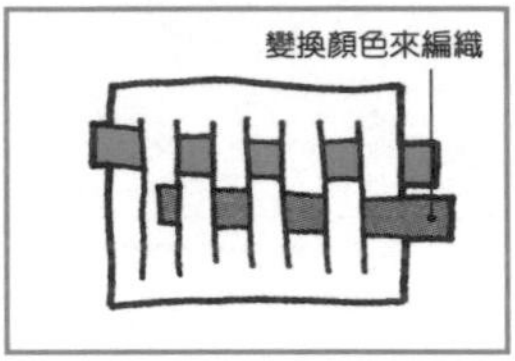

3 像在縫合切口般，把紙條插入其中。

4 變換顏色來編織彩色圖畫紙即完成。

來自園長的建議

不妨準備五顏六色的底紙與紙條，好讓孩子可以搭配做出形形色色的組合。任由孩子天馬行空，培養出想像力與美感。

日常生活練習的教具

編織

當孩子能巧妙地穿物後

令人期待的能力

編物與織物可以提高指尖的靈巧度，讓人得以做出精巧的動作。不妨先從紙張開始練習，再循序漸進地過渡至毛線編織。

37 三股編

從4歲左右開始訓練【指尖的熟練度】【專注力】

三股編是用3條繩子依序從外側往內編織。不妨先利用紙張讓孩子理解三股編的順序。待孩子學會用紙張編三股編後，再改用粗的棉繩並反覆練習。

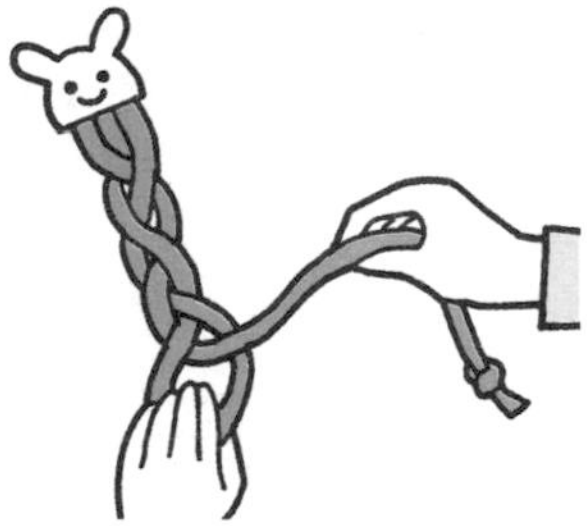

38 莉莉安編織

從4歲左右開始訓練【指尖的熟練度】【專注力】

利用封箱膠帶的紙筒與5雙免洗筷，即可簡單打造出編織器。不妨運用該工具與超粗毛線來編織圍巾。可以培養毅力與專注力。

作法

利用膠帶把5雙免洗筷（還未拆開的狀態）等間隔地固定在封箱膠帶的紙筒上，讓上方部位露出2.5cm左右。用2個封箱膠帶的紙筒疊在一起來製作會比較好拿。

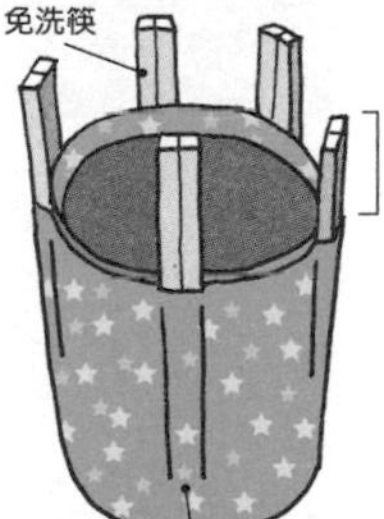

最後再以紙或布包捲起來即可

挑戰編圍巾

1 將毛線線頭放入編織器中，再將毛線由內而外逐一纏繞在免洗筷上。

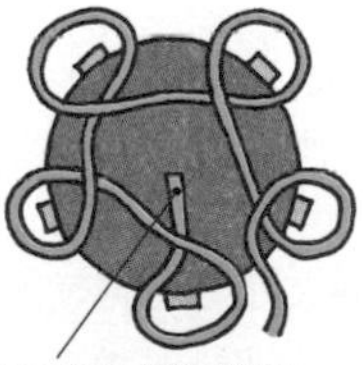
毛線線頭朝向編織器裡面

2 纏繞好後，讓毛線繞免洗筷外側一圈，抓起下方（第一圈）的毛線，逐一掛在免洗筷上。在每雙免洗筷上進行相同的作業，直到編織出想要的長度為止。

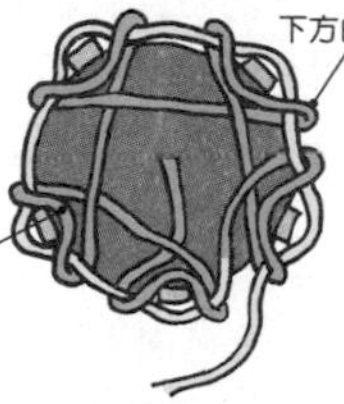
下方的毛線
抓著下方毛線，逐一掛在免洗筷上

3 最後剪斷毛線，只預留50cm左右，穿過掛在免洗筷上的毛線，再1條條取下。最後在末端處打結固定。

縫紉

當孩子能巧妙地插物後

39 針縫（直線）

▶ 從3歲左右開始訓練【指尖的熟練度】【專注力】

準備一針約2.5cm的直線縫底紙（較厚的彩色圖畫紙），用穿孔器在要下針的地方打洞。將毛線穿過針孔，2條線對齊並打結後即可開始縫紉。準備一個孩子專用的裁縫箱，養成縫完後歸回原位的習慣。

1 準備一套縫紉組

用布包裹棉花並放入小盒子中所製成的針座、毛線針1支、穿孔器（牙籤也OK）、毛線（中等粗度的2球）與剪刀（修眉剪刀等），裝在一個盒子裡。

2 打結

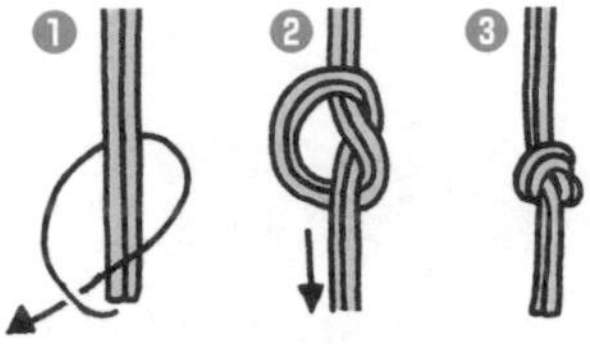

一開始先以雙線來打結

3 沿著圖案縫直線

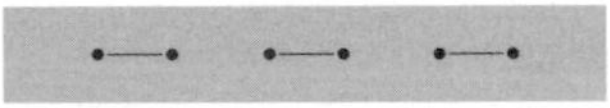

【底紙 ➡ P.142】

40 針縫（圖形）

▶ 從3歲左右開始訓練【指尖的熟練度】【專注力】

待孩子熟練直線縫後，再挑戰有形狀的。建議鯨魚或雪人這類線條較緩和的形狀。先用穿孔器在要下針的地方打洞，再逐一縫上毛線。只要孔數為偶數，即可將打結的線頭收在背面。

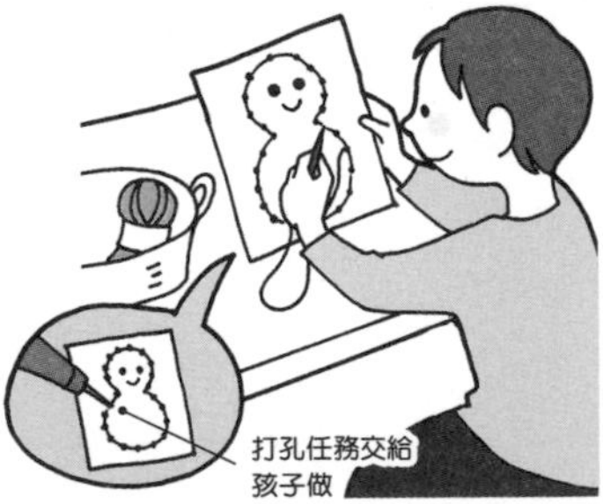

令人期待的能力

縫紉可以發展手指的熟練度、專注力與毅力等各種非認知能力。不妨先從直線開始，再循序漸進地挑戰更難的。

41 雙面車跡

▶ 從4歲左右開始訓練【指尖的熟練度】【專注力】

下個階段便是雙面車跡。第一次與第二次分別使用不同的線，完成色彩繽紛的圖紋，還能培養色感。不妨先以雙線來縫紉。

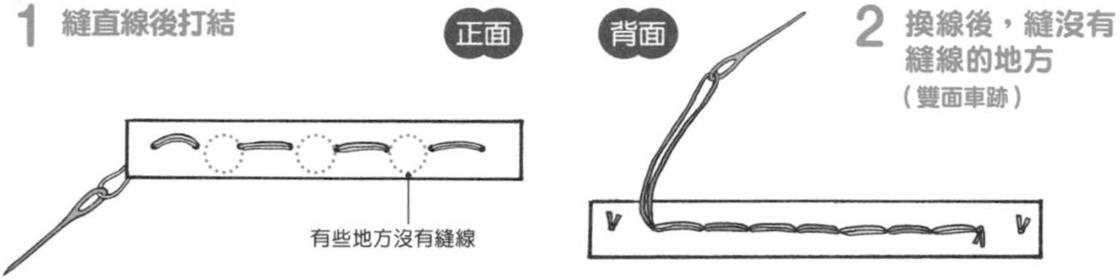

42 十字縫

▶ 從4歲左右開始訓練【指尖的熟練度】【專注力】

針縫的最後階段便是十字縫。使用練習用的底紙，從一邊斜著縫，縫完後再往反向斜縫回去，使之呈十字狀。一開始不妨先從針數少、約2色的簡單圖樣著手。

【底紙 ➡ P.142】

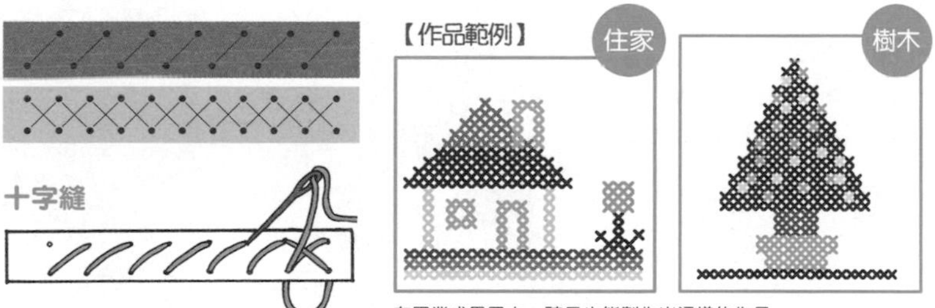

在畢業成果展中，孩子也能製作出這樣的作品。

來自園長的建議

十字縫是一項連大人都需要耐心才能完成的作業，完成時會分外喜悅。觀察圖案並數著針數，獨自完成時會很有成就感且建立起自信。

43 閃亮樹

▶ 從1歲左右開始訓練【指尖的熟練度】【視覺認知能力】

當孩子對把東西掛在鉤子上感興趣時，會很想執行這項工作。懸掛的動作需要空間認知能力。不妨讓孩子把身邊的吊飾、鑰匙圈、戒指、掛勾等任何物品，都掛到百圓商店賣的首飾架等物件上。

44 捲線羊

▶ 從3歲左右開始訓練【指尖的熟練度】【視覺認知能力】

這是一項樸實的工作，要將線捲繞在瓦楞紙等厚紙板上。纏繞大量的線，身體就會漸漸變胖，即完成一隻毛茸茸的羊咩咩。

【圖案 ➡ P.140】

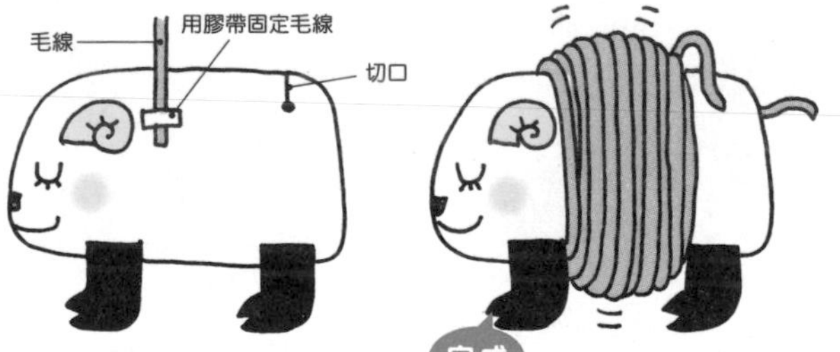

用影印紙把羊的圖案印出來，貼在瓦楞紙上，再裁剪出外形

捲好後，把毛線卡進切口裡

來自園長的建議

懸掛或打結的動作都需要空間認知能力。當孩子對懸掛東西產生興趣後，務必嘗試看看，以便培養視覺與手指的協調性。

懸掛・打結

當孩子開始胡亂用繩子打結

令人期待的能力

執行這類工作的過程中，必須用眼睛確認該穿過或掛在何處。訓練指尖靈巧度的同時，還能培養出專注力與視覺認知能力。

45 套上橡皮筋

從3歲左右開始訓練【指尖的熟練度】【視覺認知能力】

等間隔地將釘子打入板子中，再用橡皮筋打造出圖紋。請準備各種顏色的橡皮筋，讓孩子試著打造出樹木、星星等喜歡的形狀。

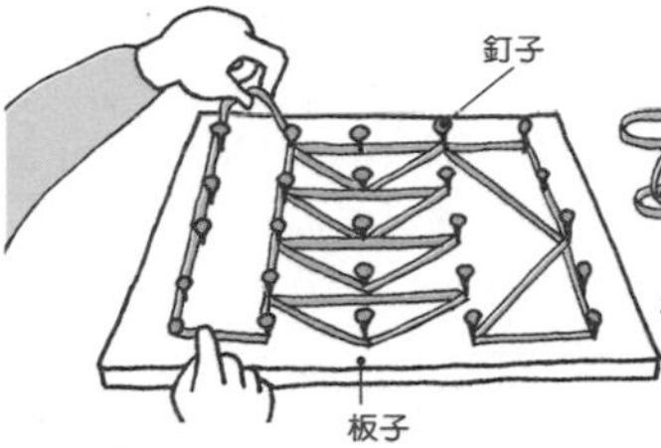

46 以風呂敷包物

從5歲左右開始訓練【指尖的熟練度】【視覺認知能力】

使用風呂敷嘗試平包法與平結法。最好先由大人緩慢地示範。如果交錯兩次的平結法太難，請先從打單結著手。

1 將容器擺在風呂敷的正中央。

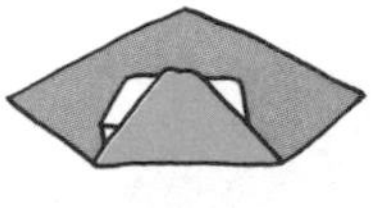

2 把下側的布放到容器上方。

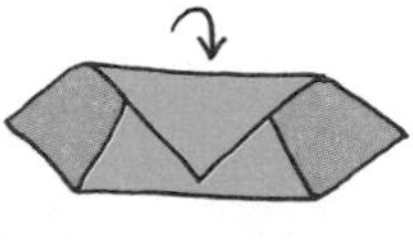

3 把上側的布往下摺。

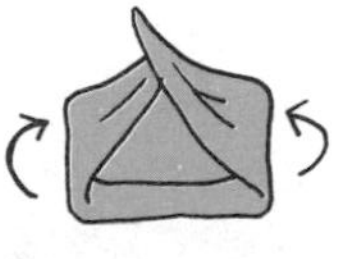

4 將左右側的布往中間合併。

5 打個平結。

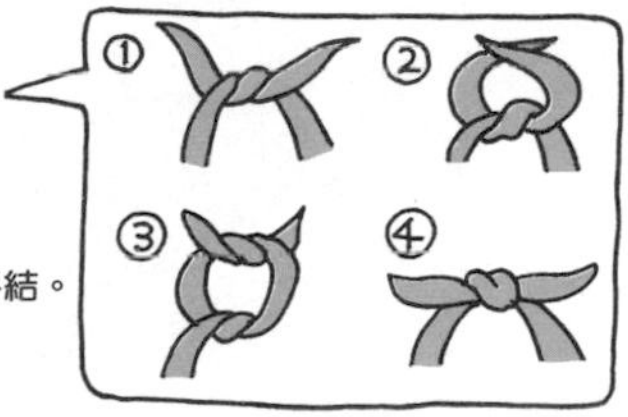

6 整理結的位置。

來自園長的建議

有別於摺紙，用布包覆意外地困難，有時沒有按好就會鬆散開來。風呂敷較容易綁也容易解開，做為運用指尖的教具再適合不過了。

47 裁剪直線

▶ 從2歲左右開始訓練【指尖的熟練度】【專注力】

準備細長條的紙張，在要用剪刀裁剪的地方畫上直線記號。一開始要大量裁剪，所以建議使用摺成三等分的廣告紙，厚度與裁剪的手感恰到好處。

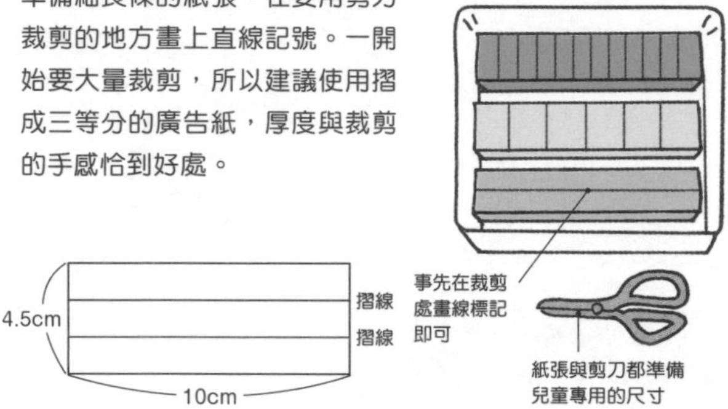

48 裁剪圖形

▶ 從3歲左右開始訓練【指尖的熟練度】【專注力】

待孩子學會連續裁剪直線後，接著便改剪圓形、四角形或菱形等圖形。最好反覆練習，逐漸掌握用沒拿剪刀的那一手來推送紙張等訣竅。

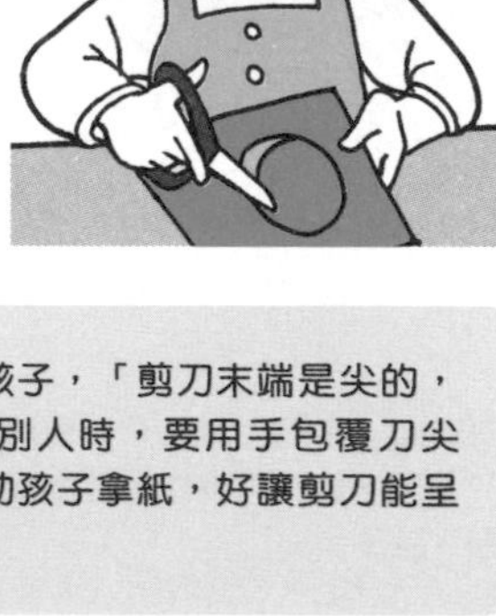

來自園長的建議

一開始就確實告訴孩子，「剪刀末端是尖的，很危險」、「遞給別人時，要用手包覆刀尖處」。剛開始先協助孩子拿紙，好讓剪刀能呈直角。

令人期待的能力

從2歲左右便可開始練習使用剪刀，因為大拇指、食指與中指已有足夠力氣。反覆沿線裁剪的動作，可提高視覺與手的動作的連動性以及專注力。

49 裁剪對摺的圖案

從3歲左右開始訓練【指尖的熟練度】【專注力】

進行這種裁剪對摺圖案的工作時，請孩子邊剪邊想像打開後會變成什麼樣的形狀。建議也可以將裁剪好的形狀貼在圖畫紙等處。

【圖案 ➡ P.144】

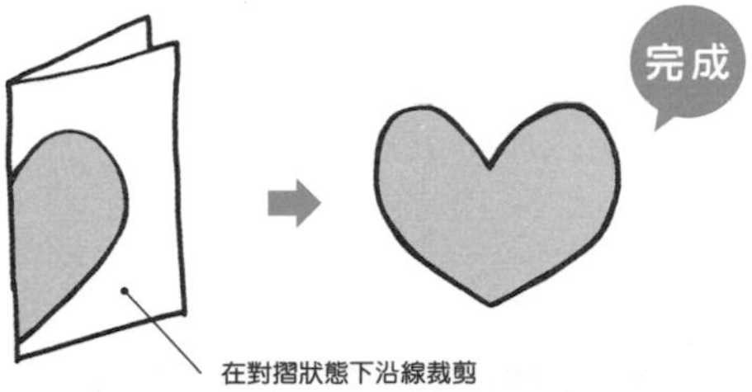

Step up 在對摺狀態下沿線裁剪

多摺連續裁剪時，紙較厚而不易裁剪，所以最好使用薄紙來進行。

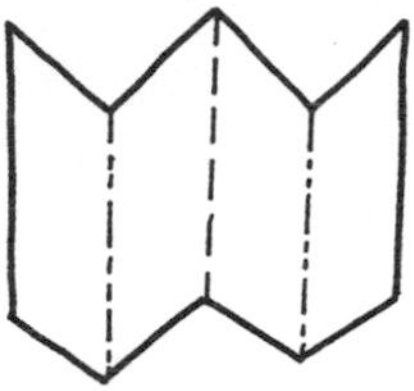

1 摺成4等分，呈蛇腹狀。

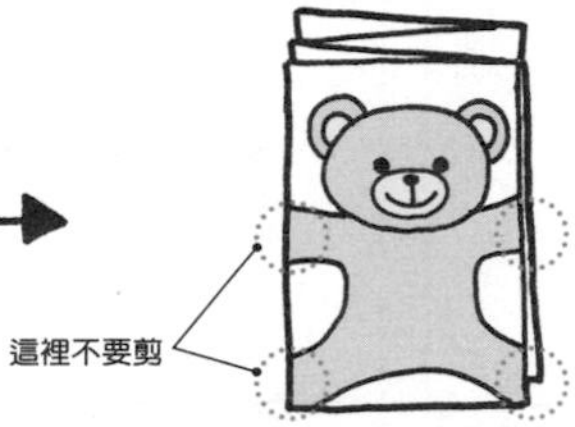

2 描繪熊的圖案。

【圖案 ➡ P.144】

3 裁剪完後，展開來即完成4隻相連的熊，手牽著手，和樂融融呢。

孩子學會使用剪刀後，會什麼都想剪，有時還會剪掉身邊的東西（頭髮、洋裝等）。最好告知孩子哪些東西是可以剪的。

50 貼貼紙

▶ 從2歲左右開始訓練【手指的熟練度】【專注力】

孩子們最愛貼貼紙的工作。此作業看似簡單，但要從底紙上撕下貼紙其實並不容易。第一次貼貼紙時，不妨使用1.8～2.5㎝左右的大貼紙，並按以下4個步驟來進行。

試試看吧

依4個步驟來進行貼貼紙工作

步驟❶ 自由地貼

自由地一一貼在白紙上。無法順利撕下貼紙時，可以事先稍微折彎邊緣處。

步驟❷ 貼在點上

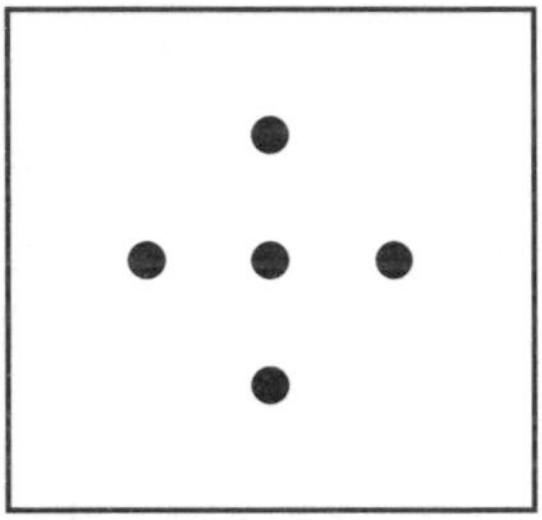

用簽字筆等在紙上畫幾個點，讓孩子將貼紙逐一貼在點上。

步驟❸ 貼在線上

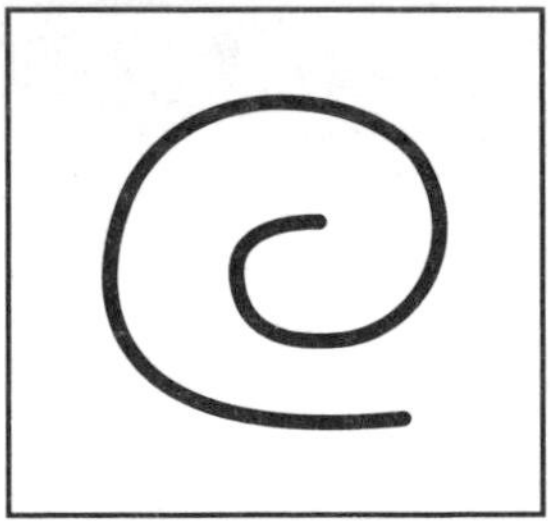

在紙上畫好直線、曲線、螺旋線等，讓孩子將貼紙逐一並排貼在線上。

步驟❹ 貼在特定位置

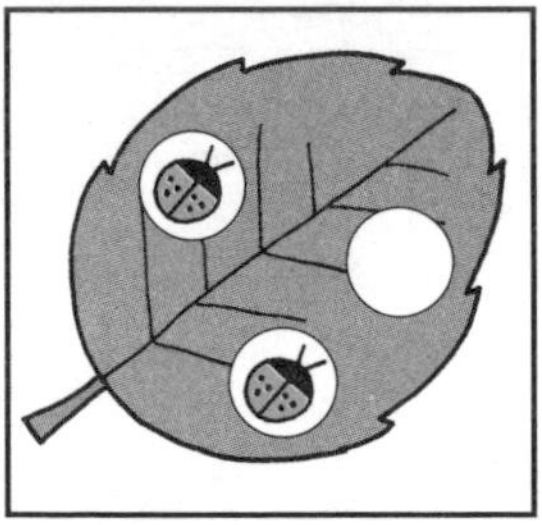

讓孩子將貼紙逐一貼在書末的葉片貼紙底紙上。如果有瓢蟲的貼紙，或許會更有趣！

【底紙 ➡P.140】

日常生活練習的教具

貼上

當孩子開始胡亂貼貼紙

令人期待的能力

當孩子開始將貼紙貼在家具或玩具上時，或許正值貼東西的敏感期。貼的動作必須精細地運用手指，故可提高手指的控制力。

51 用糨糊黏貼

▶ 從3歲左右開始訓練【手指的熟練度】【專注力】

先準備裁剪好的紙，再用刷子沾糨糊，自由地逐一黏貼。待孩子能貼得很漂亮後，再挑戰貼到書末的底紙上。準備多張配合底紙大小所裁剪的三角形彩色圖畫紙，逐一貼上。

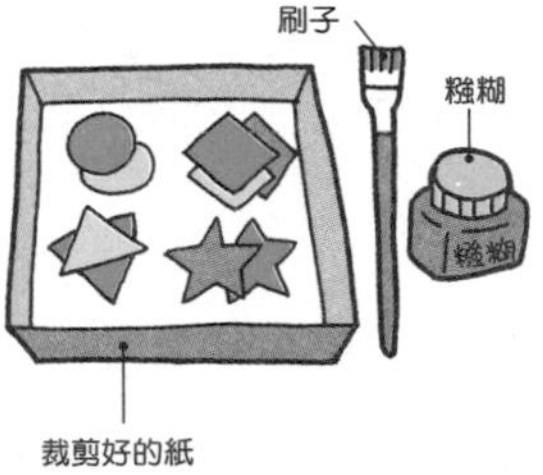

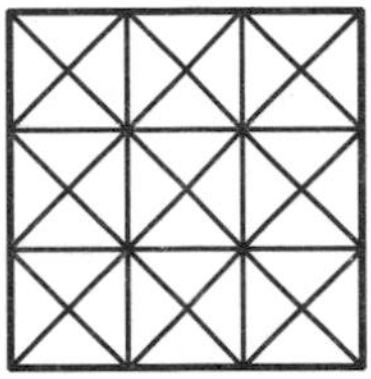

【底紙 ➡ P.141】

試試看吧

在裁剪成圓形或橢圓形的紙上刷糨糊，貼在下方男孩與女孩拿的繩子末端，完成氣球吧。紙張建議使用刷糨糊時比較不會弄髒的彩色圖畫紙。

52 哪一個是一樣的呢？

▶ 從2歲左右開始訓練【視覺與手指的協調】【觀察力】【視覺認知能力】

據說孩子到了1歲半～2歲左右就可以認知圓形、三角形與四角形。當孩子開始意識到圖形的差異時，請試著導入形狀配對的工作。

準備一張畫了多個簡單圖形的紙，利用餅乾模型或鈕扣等身邊的物件，讓孩子一一擺在形狀相同的位置。一開始不妨先從圓形、三角形與四角形等較容易辨識的圖形著手。待孩子熟練後，再加入星星或愛心等稍微複雜的形狀。

Step up

下一階段則擺出水果等身邊常見物體的照片或插圖，讓孩子挑戰選出相同的東西。如果是小型的物件，亦可列印出實體物的彩色照片。

來自園長的建議

也很推薦將插圖分割成2片製成拼圖。孩子會在腦中想像形狀的連結，故可鍛鍊空間的理解力。

感官教具

視覺

為了提升視覺與手指的協調性

令人期待的能力

孩子是透過仔細觀察並模仿而學會各種大小事。鍛鍊視覺是巧妙運用手指的關鍵。此外，視覺對於培養色感也至關重要。

53 尋找身邊的顏色

■▶ 從2歲左右開始訓練【觀察力】【視覺認知能力】

這項工作是利用顏色範本，一一找出身邊的東西來確認是什麼顏色。不妨先試著找出三原色：藍、紅、黃。待孩子能夠更精細地辨識顏色後，便用12色的蠟筆打造一張示範顏色的調色板，讓孩子試著找出相同的顏色。

54 比較與排順序

■▶ 從2歲左右開始訓練【觀察力】【視覺認知能力】

要培養孩子對大小、高低、長短等的感受，關鍵在於比較。孩子最喜歡排放東西，所以不妨試著讓他們把自己的玩具按順序排列，透過感官來理解的過程也有助於正確地彙整語言。

來自園長的建議

不妨讓孩子找出家中最大型的物品、用積木堆疊到與自己等高，或是依小→大的順序排列鞋子，在玩樂的過程中培養視覺認知能力。

55 觸摸身邊的東西

■▶ 從2歲左右開始訓練【觸覺的敏銳性】

觸覺是從孩子著迷於握或抓等動作的時期開始有所發展。孩子會透過觸摸身邊的東西，漸漸理解素材或溫度上的差異，比如軟或硬、粗糙或滑順，還有冷或熱等。

1 試著觸摸家中的東西

試著和孩子一起探索家中，一邊給予「這裡有沒有光滑的東西呢？」等提示。還可邊說著「這個摸起來粗粗的耶」，邊讓孩子觸摸牆壁等，藉此培養指尖的觸覺。

2 戶外可謂觸覺教具的寶庫

試著讓孩子觸摸在家中摸不到的東西，比如土壤、石頭、植物與昆蟲等。就以土壤為例，泥土與乾土的觸感就完全不同。請試著敦促孩子去察覺其中的差異。

來自園長的建議

2～3歲是孩子的感官變得敏銳而想要觸摸各種東西的時期。除了伴隨著危險性的東西外，不妨盡量讓孩子去觸摸，以求刺激其觸覺。

感官教具

觸覺

當孩子開始想碰觸各式各樣的物品

令人期待的能力

五感（視覺、聽覺、味覺、嗅覺與觸覺）在0～6歲期間有格外顯著的發展，而這些工作是用來鍛鍊其中的觸覺。應敦促孩子去觸摸身邊的東西，並留意觸感上的差異。

56 配對布料

▶ 從3歲左右開始訓練【觸覺的敏銳性】

孩子從1歲左右開始，會很享受最愛的毛巾、母親的肌膚與洋裝等的觸感。到了3歲左右，不妨利用家裡現有的天鵝絨、木棉、絲綢、羊毛、麻等不要的布料，裁剪成15cm的正方形，每種材質各準備2塊，讓孩子蒙上眼睛，試著找出相同的布。

57 祕密袋

▶ 從3歲左右開始訓練【觸覺的敏銳性】【立體辨識力】

準備2個束口袋，裡面裝5～8個形狀與素材各異的物品，比如身邊的玩具或文具等。2個袋裡所裝的東西完全相同，這項工作是要用手探尋出一樣的物件。

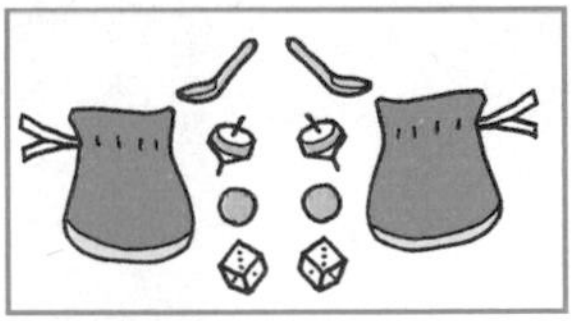

來自園長的建議

還有一項工作是要準備一個大箱子，把蔬菜與水果等放進箱中，再讓孩子拿出大人所指示的東西。孩子到了3歲左右，還可憑藉「這個東西是圓的」等提示來尋找。

58 手作沙槌

▶ 從1歲左右開始訓練【聽覺的敏銳性】

準備3個小型寶特瓶，分別裝進橡子、大豆與米，感受聲音上的差異。不要顯露出內容物更佳。到了2歲左右後，還可以打造2支素材相同的沙槌，享受打擊樂的樂趣。

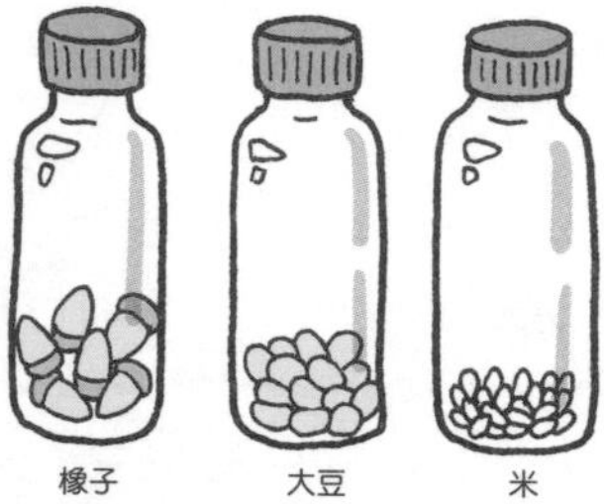

59 聆聽生活中的聲音

▶ 從2歲左右開始訓練【聽覺的敏銳性】

敦促孩子保持安靜後，大人躲在看不到的地方發出各種聲音，讓孩子猜測是什麼聲音。不妨試著重現日常中的各種聲音，比如菜刀的咚咚聲、撕破紙的聲音、響板的聲音、剪刀的喀擦喀擦聲等。

來自園長的建議

孩子對喜歡的事物的聲音反應格外敏感，即便只是很微弱的聲音。可以從雜亂的聲音中分辨出父親的腳步聲、電車聲、昆蟲聲等。

感官教具

聽覺

當孩子開始對聲音變得敏感

令人期待的能力

孩子從6個月左右開始便會分辨各種聲音，到了1歲左右則漸漸能理解語言。進入聽覺的敏感期後，不妨安排一些時間讓孩子有意識地用耳朵去傾聽，藉此培養其聽覺。

60 感受氣味

▶ 從2歲左右開始訓練【嗅覺的敏銳性】

將蔬菜、水果、肥皂、花卉等裝進箱子裡，在箱子上打些孔，但不至於看到裡面的程度，再讓孩子嗅聞氣味來猜測內容物。最好讓孩子積極去感受大自然或生活中的各種氣味。

61 感受味道

▶ 從2歲半左右開始訓練【味覺的敏銳性】

在杯子裡倒入少量顏色各異的飲品，比如果汁、茶、鮮奶、水等。讓孩子蒙著眼睛來飲用，試著猜出是什麼樣的飲品。蒙著眼睛意外地難猜，所以請大人也一起挑戰看看。

來自園長的建議

在用餐時說出「好甜」、「好辣」、「好酸」等，讓味道與語言一致，不僅可豐富孩子的味覺，還能提升詞彙能力。

感官教具

嗅覺・味覺

當孩子開始對氣味與味道變得敏感

令人期待的能力

據說0～3歲是孩子在無意識間將感受到的事物原封不動儲存於記憶中的時期，而3～6歲則是開始整理已累積之記憶的時期。當孩子對氣味與味道格外敏感時，請讓孩子親身感受各式各樣的東西。

62 摺衣服

▶ 從2歲左右開始訓練【指尖的熟練度】【專注力】

首先，讓孩子幫忙摺些簡單的東西，比如手帕或毛巾等。待孩子熟練後，再挑戰襯衫或襪子這類摺法需要一點技巧的東西。這種時候也務必先由大人示範摺法。

63 收拾

▶ 從2歲左右開始訓練【指尖的熟練度】【專注力】

孩子最喜歡幫忙擺好鞋子、收拾餐具等。當他們明白整理乾淨會帶來好心情後，便會開始收拾自己的玩具。不妨費點心思讓孩子可以整理得更好。

來自園長的建議

蒙特梭利教育中的工作含括了物歸原位。最好讓孩子意識到收拾是愉快的，讓收拾成為遊戲的一環。

做家事

當孩子開始有意模仿媽媽

令人期待的能力

家務協助的工作是「日常生活練習」的延伸。可以讓孩子透過家務協助來培養生活習慣，訓練手指熟練度的同時，還能培育出生存能力與判斷力等。

64 擦桌子

▶ 從2歲左右開始訓練【指尖的熟練度】

不妨讓孩子每天用兒童專用小抹布來擦拭餐桌。基本上孩子要到4歲才有辦法擰乾抹布，在那之前請給孩子已經擰乾的抹布。

65 端菜

▶ 從3歲左右開始訓練【身體的控制】【注意力】

端送食物時，必須盡可能保持平衡才不會溢出來，還可提高專注力與注意力。不妨事先在附近準備擦桌巾、擦地布與放髒物的籃子等，讓孩子養成即便灑出來也要自己擦拭並收拾的習慣。

來自園長的建議

如果孩子願意幫忙，無論結果如何，都務必表達感謝。母親感到高興，會讓孩子產生下次還要再幫忙的心情。

66 烹飪

■▶ 從2歲左右開始訓練【指尖的熟練度】【注意力】

從洗菜、削皮、切菜到烹調，烹飪中含括了大量家務協助的要素。既可訓練指尖，還可培養注意力。此外，即便是討厭蔬菜的孩子，往往會吃掉自己幫忙做的菜。

1 裝盤作業

從2歲左右開始就可以請孩子幫忙較為容易的裝盤作業。建議製作沙拉。可學會用指尖控制的能力，同時還能透過兼顧配色的擺盤來培養色感。這種時候不妨從清洗、撕開蔬菜的步驟開始，讓孩子一起做。

2 揉麵團

幫忙製作白玉湯圓或揉圓餅乾的麵團等，都是孩子最愛的工作。要揉成圓形，必須控制手心的力道才不會壓扁麵團，孩子會漸漸學會較細緻的動作。如果要製作餅乾，也很建議請孩子幫忙切模。

3 蔬菜削皮

孩子到了3歲半左右就可以幫忙一些使用削皮器的協助工作。若能一手壓著蔬菜，一手削皮，證明已經具備扎實的手勁，也已經做好使用菜刀的準備。使用菜刀時，大人最好為孩子示範步驟。

孩子到了5歲左右便已經可以協助簡單的料理，比如洗米或味噌湯的調味等，還可製作一些需要在大人從旁守護下用火的料理。不是以「幫忙」的形式，而是視為一個獨立個體來交付工作，也能培育出孩子的自我肯定感。

67 打掃

從4歲左右開始訓練【運用身體的方式】【考慮周遭環境】

要想專注於某事，經過整理整頓而乾淨整潔的環境極其重要。記住房間變乾淨的舒爽感受，會讓孩子開始留意並考慮周遭環境。此外，打掃是會運用到全身的運動，所以也能學會如何運用身體。

1 用掃帚掃地

如果不能控制自己的身體，就無法順暢操作掃帚。此外，把垃圾集中在一處的動作也比大人想像的還要困難。不妨先準備一把尺寸便於孩子輕鬆操作的掃帚。待孩子熟練後，連室外的落葉等都能掃得很順手。

2 用抹布擦地

準備一條大小約15×18cm的兒童專用抹布。孩子一開始無法順利擰乾，最好先示範做法，讓孩子掌握其中訣竅。用抹布擦地會用到全身，是孩子最愛的家事。剛開始較為困難，孩子會用雙腳跳著前進，但之後會漸漸加快前進的速度。

3 擦窗戶

用噴霧瓶咻咻咻地噴在窗戶上，再用刮水器擦拭乾淨。噴霧瓶與刮水器等工具請準備兒童專用的尺寸。積聚在下方的水滴則用抹布等擦乾。這是一項帶有特別感的工作，所以應該有不少孩子很樂意投入。

來自園長的建議

抹布或擦拭布可以自製，將較薄的浴巾裁剪成3等分，對摺後縫合，即為18cm×15cm的兒童尺寸。擦拭時再對摺來使用。

68 節奏遊戲

▶ 從1歲半左右開始訓練【運用身體的方式】【節奏感】【聽覺】

孩子聽到音樂時，會自然地擺動身體。透過唱歌、配合節奏活動身體，或是搖響手作沙槌等，讓孩子學會音樂的要素，以及如何運用身體，並漸漸培養出專注力與想像力。好好發展孩子所具備的節奏感吧。

69 彩色水遊戲

▶ 從3歲左右開始訓練【色感】

為孩子最愛的玩水遊戲添加一些色彩。用顏料來調製彩色水也很有趣，不過利用花卉、蔬菜或水果來製作彩色水也別有樂趣。混合顏色來做實驗、玩果汁店角色扮演的遊戲，或是用彩色水來畫畫等，也是不錯的方式。

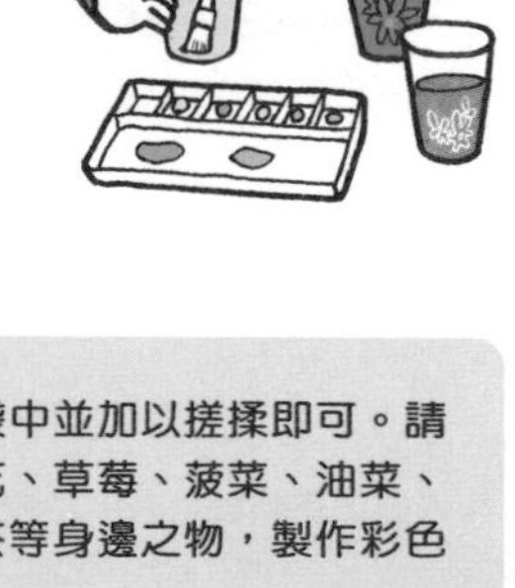

來自園長的建議

只須將素材放入塑膠袋中並加以搓揉即可。請試著用紫茉莉、牽牛花、草莓、菠菜、油菜、紅蘿蔔泥、番茄、紅茶等身邊之物，製作彩色水來享受其中的樂趣。

孕育感性

表達能力

為了延伸孩子的自由發想

令人期待的能力

有一個詞彙叫「品味絕佳」，而這份品味主要是在環境中培養出來的。只要大人提供一些機會，孩子就會漸漸鍛鍊出豐富的感性。

70 用巨大紙張來畫畫

■▶ 從1歲左右開始訓練【手指的熟練度】【表達能力】

讓孩子試著在大張紙上盡情畫畫。不要給出「來畫花吧」這類具體的指示，而是讓孩子自由發揮。此外，也很推薦將顏料塗在手腳上，在白紙上走來走去，印得到處都是。印下手印或混合顏色格外有趣，很多孩子都為此著迷不已。

71 採訪遊戲

■▶ 從3歲左右開始訓練【溝通能力】【表達能力】【思考能力】

讓孩子扮演採訪員，試著向大人提出「你今天最開心的事是什麼呢？」、「你喜歡什麼料理？」等問題。對答結束後，這回換大人化身為採訪員。先思考問題與答案，再用自己的語言表達出來，透過這樣的經驗，可以培養孩子的表達能力、思考能力與會話能力。若使用手作麥克風，效果會更好。

72 製作繪本

■▶ 從4歲半左右開始訓練【表達能力】【想像力】

今天發生的事、讀完的故事書的後續發展、昆蟲或動物等身邊的生物，請試著以這些為主題，和孩子一起構思故事，並讓孩子自由發揮，把故事畫下來，製成繪本。文章可以由大人幫忙寫，如果孩子已經可以自己書寫，則交給孩子寫為宜。

日常的
全身運動

戶外遊戲

當孩子無論如何都想活動身體

73 牽手散步

▶ 從1歲左右開始訓練【身體的使用方式】【握力】

等孩子會走路後，不妨手牽著手一起去散步，而非動不動就抱著或坐嬰兒車。大聊各種話題來滿足孩子的好奇心，比如散步所到之處遇見的植物、動物、交通工具等，讓孩子知道走路的樂趣。

如果孩子不願意牽手，不妨試著伸出一根手指。令人意外的是，這樣孩子或許會比較願意牽起手來。

74 發現新事物

▶ 從2歲左右開始訓練【身體的使用方式】【好奇心】【探究心】

待孩子越走越穩後，在公園等安全的場所便可以放開手，讓孩子自由地度過。順著興趣去活動並發現新事物，這樣的經驗可讓孩子培育出好奇心與探究心。不妨帶著袋子去，因為孩子會撿拾各種東西。

葉子！

令人期待的能力

孩子開始走路後，眼中所見的世界會逐漸拓展開來，發現並逐一吸收五花八門的事物。出於「我想做這個」的意志而學會如何活動身體，一步步邁向獨立。

75 盡情奔跑

▶ 從2歲左右開始訓練【身體的使用方式】

在玩鬼抓人的遊戲中，大人若在後方追趕，孩子似乎會產生被守護的安全感。孩子2～3歲而可穩定奔跑後，不妨讓孩子在公園等安全的場所盡情奔跑。這種時候也要確實告訴孩子：在馬路等危險的地方必須手牽著手，不要奔跑。

76 繩子遊戲

▶ 從2歲左右開始訓練【身體的使用方式】【專注力】【注意力】

待孩子熟練走路後，建議嘗試繩子遊戲。把繩子彎彎曲曲地放在地面，讓孩子在上方行走。必須下點功夫運用身體才不會從繩子上掉下來，所以還有鍛鍊體幹之效。除此之外，也很推薦如走平衡木般在路緣石上行走等。

77 跳躍

▶ 從2歲半左右開始訓練【身體的使用方式】【平衡感】【柔軟度】

孩子是從2歲左右開始會用雙腳跳躍。跳躍的動作有助於提高瞬間爆發力與腳踝的柔軟度，還可培養出平衡感。可以配合音樂跳躍、跳起來抓高處的樹葉，或從20～30cm的台階上跳下來。一開始不妨先抓著孩子的雙手。還要告訴孩子不要做出危險的跳躍動作。

蒙特梭利幼稚園
1995年
畢業

長時間著迷地埋首於喜歡的事物之中，這樣的經驗成了我一生的至寶。

一級建築師 赤塚健 先生

接觸立體教具後，體認到造型的樂趣

我記得曾經很喜歡棕色梯與粉紅塔這兩項教具，而時常埋首其中。如今想來，以幾何學來說，邊長各有1㎝差異的這種立體教具獨具特色，不過我當時並未留意到這些事，而是沉浸在依其形態來造型的樂趣之中。

前陣子，我時隔25年左右再次有機會接觸到這些教具，萬分驚訝地發現，每項教具的重量、邊角的鋒利度，以及套進洞裡時的啪答觸感等，這些竟全化為感覺留存於體內。我認為兒童之家可說是如「家」一般的地方。老師與孩子聚在一起共同生活，讓孩子在無意識間學會生存的技能，兒童之家就是這樣的地方。

我後來有幸得以設計東雲蒙特梭利兒童之家，在環顧整個幼稚園時才察覺到，這個地方充滿鮮明的顏色、各式各樣的形狀與素材。我在那一瞬間再次感受到，幼少年時期能置身於這般重視各種感官來培育孩子的地方，是極其寶貴的體驗。

自由埋首其中的時間，培養出專注力

自小學以來，我就很少有被父母責罵，或是被迫做些什麼事的記憶。回想起來，我總是毫無

從事建築師工作的赤塚先生似乎從小就很喜歡造型。

罣礙地把時間分配在喜歡的事物上，這些經驗想必關係到我主動投入事物的態度。

我在許多方面都受到蒙特梭利教育的影響，其中特別有感的，應該是能站在別人的角度看事情，以及專注力與整理思緒的能力。我現在從事建築師的工作，而幼少年時期的體驗確實發揮著作用，造就了我對形狀、顏色、重量與質感相關的敏感度。

我希望往後能持續打造出能讓每個人都覺得舒適且生活變得豐富的建築物或空間。

來自父母的留言

蒙特梭利教育培育出他的專注力以及先預測再行動的能力

（母親・美希子女士）

自從他去了兒童之家後，便會先排定順序，思考後才行動，也愈來愈擅長收拾東西。他高中時期曾經把筆記借給朋友，對方的母親看到時，對他整理得有條有理的內容驚訝不已。據他本人所說，不過是一邊聽課一邊在腦中統整後寫成筆記罷了。我認為是多虧在小的時候就培養出聆聽的態度、專注力、先預測再付諸行動，以及構思的能力，才能像這樣針對聽到的資訊抓重點並立即彙整。

蒙特梭利幼稚園
2000年
畢業

意志受到尊重的經驗日積月累，讓我習得了毅力

東京大學研究所
博士課程
小川潤 先生

無所畏懼地與大人交談的經驗成為自信之源

還記得小時候，父母與老師都常說我「話很多」。回想起來，我總是毫不膽怯地與老師或其他學童的父母說話。或許是因為身處於尊重孩子意志的環境，大人才會願意好好傾聽我的喋喋不休。

兒童之家是對孩子相當嚴格的地方，我這麼說是褒意。比方說，我當時非常挑食，而老師會緊跟在旁，直到我吃光便當為止，儘管其他孩子早就吃完跑去玩了。不過，應該是拜此所賜，讓我開始有心去面對討厭的事物。此外，即便遭受斥責或失敗，我也不會意志消沉，而是抱持著「這不算什麼」的心情去克服。

公立小學畢業後，我便進入私立的完全中學就讀。高中時期到美國留學1年成了我最美好的回憶。我在國中3年級時曾到紐西蘭研習，因為完全不會說英文而備感懊惱，這便是我決定留學的契機。我清楚記得，出於「希望能開口說英文！」的強烈願望，我在未告知父母的情況下，報名了留學的說明會。

以適度的距離從旁守護對我大有助益

兒童之家時期的小川先生，正在用圓柱狀教具玩堆疊遊戲。

當我感到不甘心時，大多會抱持著「非讓人刮目相看不可」的反抗心情去面對事情。說起來，我原本就不會因為失敗或懊悔而鑽牛角尖，所以也不會找任何人商量。我爸媽和周遭的人可能都理解我這種個性，所以不會干涉，而是以適度的距離從旁守護，這點對我大有助益。

回想起來，無論在兒童之家還是自家，個人的意志都受到尊重，應該是這些經驗讓我培養出毅力，而能夠持續做自己喜歡的事物。此外，我從幼少年時期便因自我受到認同，且有機會與身邊的大人對談，因而練就了膽量，這點無疑對我決定出國留學與進研究所就讀有很大的幫助。

來自父母的留言

在蒙特梭利教育的守護下，將堅忍不拔化為武器

（母親・智子女士）

自從邂逅蒙特梭利教育後，滿足了小潤的好奇心，而不至於扼殺他的本性。他在幼少年時期就有強烈的自我主張，也面臨過不少艱難的時刻。然而，隨著他的成長，那份堅忍不拔化為意志、積極性與續航力，造就他的獨立自主性。我希望他能成為在任何人面前都能毫不畏懼地表達意見的人，故而格外費心讓他能暢所欲言。在他參加初中入學考試時，我們曾沒完沒了地討論日本教育的歷程，最終他自行決定去上私立學校，也對自己的學習負責並完成了學業。

蒙特梭利幼稚園
2006年
畢業

這種可以持續工作直到心滿意足的環境，讓我培育出堅持到底的能力

慶應義塾大學 I.U 女士

混齡托兒制培育出關懷年幼孩子的心

我現在在兒童之家幫忙照顧孩子。回想起來，我在兒童之家就讀時，就很喜歡照顧比自己年紀小的孩子。我覺得這肯定和兒童之家混齡托兒制的環境有很大的關係。我在小班時，曾接受中班或大班的大哥哥、大姊姊溫柔對待，這樣的經驗讓我產生「這回輪到我來善待比自己年幼的孩子」的念頭。我再次感受到，以大姊姊為榜樣而努力、竭盡全力照顧年幼的孩子，讓身為獨生女的我有了自我成長的機會。

凡事做到心滿意足為止，培育出堅持到底的能力

此外，自己選擇想做的工作，並依自己的步調埋首其中，直到心滿意足為止——應該就是這樣的經驗，讓我在做任何事時都能有所執著並堅持到底。我國中時曾為了上高中後可以進入英文菁英班而努力學習英文。後來雖然進了菁英班，身邊卻幾乎都是曾在國外就學或生活的歸國子女。我一開始因為英文能力上的差距吃足了苦頭，但是經過一番努力，比如去上英文會話課，或在家訓練聽力等，漸漸可以毫不費力地用英文溝通。我現在是大

學啦啦隊社團的成員，每週必須練習5次，有時也會覺得很辛苦，但是每當因為課題或高難度技巧而心生恐懼時，我總是能正面對決，經過多次練習而成功時的喜悅是難以計量的。我總覺得，能夠像這樣認真面對自己著迷的事物並堅持到自己滿意為止的這份精神，有很大一部分是透過蒙特梭利教育的工作培養出來的。

我已經是大二生，也到了認真思考未來的時期。我希望能活用至今為止的經驗，成為一個對自己的工作抱持著幹勁並全心投入的人。

利用彩色圖畫紙執行編織工作的I.U。

來自父母的留言

自己嘗試去做的經驗 讓她培養出積極性與堅持到底的能力

（母親・N女士）

因為身處混齡托兒制的環境，讓她對高年級的孩子抱持著憧憬，等她升上中班或大班後，便萌生了動力，想要做那些高年級生做的工作等。我直到現在都忘不了，她從小班升上中班時，興高采烈地跑去向老師展示中班名牌的模樣。自從她去兒童之家就讀後，開始有了勇氣去挑戰新事物，不會被不安的情緒打敗。我認為是投入工作的經驗讓她在反覆「自己嘗試→成功→獲得信心→想要嘗試更多」的過程中得以逐漸成長。

蒙特梭利幼稚園
2001年
畢業

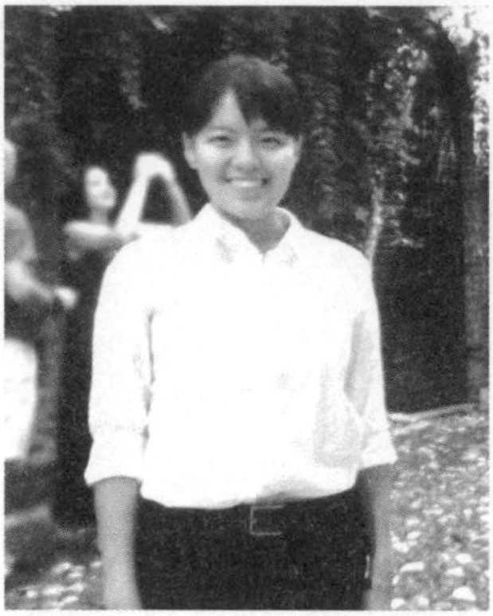

我已經學會如何專注地埋首其中，而不受他人影響

劇場負責人（娛樂業） 中村友香 女士

父母也支持我想做的事，成為我在自己的道路上前行的勇氣

我總覺得，多虧幼兒時期置身於可以自由決定要做的事並付諸行動的環境之中，才讓我培育出自發性。

學生時期，除了學業外，我把時間都分配在自己想全心投入的事物之中。直到大學為止，我一直隸屬於一個校外劇團，每年會站上舞台十幾次，和夥伴一起共同創造作品，這些經驗也讓我立志投入現在的工作。

只要我說想試，母親總是予以支持，應該就是這樣的環境為我建立起信心。

來自父母的留言

在幼稚園的快樂記憶成為相信自己並支持孩子的原動力（母親．資子女士）

我自己也是蒙特梭利教育幼稚園畢業的。即便為人母後，仍保有幼稚園的快樂回憶，我希望一定要讓孩子也有相同的體驗，故而決定讓她去兒童之家就讀。後來因為搬家而只就讀1年半，但是年僅4歲的她，每天要去上學時都是有意識地抱持著「今天要執行○○工作」的目的，似乎經常從中獲得成就感。我再次感受到，這樣的環境真的很美好。思考自己想做什麼或應該做什麼，並付諸實行，這點一直以來都不曾改變。

蒙特梭利幼稚園

2002年

畢業

培育出「我們不一樣，我們都很棒」的精神

國外業務（醫療機器製造業）木内惇平 先生

希望能朝自己想做的事情邁進，並開拓出自己的道路

蒙特梭利教育中有個發展孩子個性的基礎，即金子美鈴詩中的名言所說的：「我們不一樣，我們都很棒」。可能是因為這層影響，我在大學時期同時參加並活躍於喜劇社與落語研究會這兩種性質截然不同的社團。此外，大四時迷上學中文，甚至還到台灣留學。

回想起來，我一直以來都走在自己深信是正確的道路上，以免有所遺憾。從今往後應該也會一如既往地繼續靠自己開拓道路，完成自己想做的事。

來自父母的留言

包含失敗在內的經驗讓他認同自己的個性，並化為存活下去的力量

（母親・博子女士）

他剛進幼稚園時，很懦弱，也不擅長表達自己。然而，在幼稚園中接受溫暖的指導、與不同年齡的孩子相處，以及包含失敗在內的各種經驗，似乎讓他慢慢學會表達以及與他人互動的重要性。原本個性稍微內向的惇平最後還出國留學，如今可以和形形色色的人交流，其中也含括來自國外的人。尊重他人，但没有必要非和別人一樣不可。我覺得他懂得重視並培養自己的個性，已經具備生存的能力。

結語

展現於幼小孩童眼前的，盡是從未見過的世界。

才剛滿3歲的孩子來到「蒙特梭利兒童之家」後，會在充滿神奇事物與陌生事物的房間裡探索，大量運用感性去觀看、聆聽與觸摸。3歲兒童的好奇心會催生出大人意想不到的發想。在這個「什麼都想試試看」的年齡，不妨盡量讓孩子隨心所欲去做，不要加以限制。孩子只要找到自己想做的事，並且充分投入後，便會安心地結束活動，並露出滿足而美好的笑容。

到了4歲後，與朋友等其他人的互動會變得比起至今繞著自己轉的周遭世界還要重要。為了芝麻小事而吵架，隔天又和好如初而玩在一塊，自然而然地學會如何在小型社會中度過。孩子漸漸學會有時候要控制自己，或是站在朋友的立場來思考。「混齡托兒制」在這種時候就會成為莫大的助力。年長的孩子便會成為最佳榜樣。孩子到了5歲後，便會成為相當出色的大班孩子，不僅能夠判斷當下可以做什麼、不可以做什麼，還具備埋首於喜歡事物的專注力與耐力。身為幼稚園中最年長的孩子，會開始關心或協助周遭的人。

並非由大人教導，而是在被賦予的環境中吸收自己所需的事物而逐漸成長，這樣的孩子在不知不覺間便具備了非認知能力，比如找到自己想做的事並堅持到最後的能力、好奇心、積極性、耐力、專注力等。我很想知道，那些在幼兒時期便具備這類非認知能力的孩子們，在長大成人後，幼兒時期的體驗會如何成為他們的助力呢？於是在訪談頁面尋求幾位畢業生的協助。我在訪談過程中直接看到幾位家長在育兒上的態度——在嬰兒時期確實做到肌膚接觸，在幼兒時期則是從旁照看守護而不干涉，我強烈感受到，這些實踐蒙特梭利教育來培育孩子的母親，與孩子的成長有很大的關係。本書中也有介紹到一部分家長的心聲。

舉例來說，有人參加初中入學考試時，不僅接受了學力測驗，還在分組討論中彙整大家的意見，並針對考題侃侃而談，最終合格了，我從這些經驗談中感受到，有愈來愈多學校十分重視非認知能力的重要性，而不光側重於學力。此外，還有高中生為大學入學考試選擇專業領域而煩惱時，認為自己的原點在於幼兒時期，因而走訪了「兒童之家」。我確信，陪伴他們度過幼兒時期的蒙特梭利教育已成為他們各自找到屬於自己的道路並不斷前進的基礎。我希望能像這樣對朝未來邁步的孩子們多少有所助益，從今往後還會繼續透過蒙特梭利教育來經營「兒童之家」。

最後，由衷感謝從非認知能力的角度協助監修本書的中山芳一教授，以及為了編輯與製作盡心竭力的各位。

東雲蒙特梭利兒童之家・園長　三井　明子

監修者簡介

●東雲蒙特梭利兒童之家

1990年9月於千葉縣浦安市開設「蒙特梭利幼兒教室」。隔年開設「新浦安蒙特梭利兒童之家」。2018年遷至江東區東雲，改名為「東雲蒙特梭利兒童之家」。以「希望讓更多人理解蒙特梭利教育的美好」為宗旨，密切關注每一個孩子，協助其成長，於2021年迎來開園30週年。協助編輯與取材的書籍有《孩子只要專注就能有所成長！蒙特梭利幼稚園》（暫譯，東京書籍，2012年）。三井明子畢業於日本女子大學兒童學系。曾於該校的豐明小學任教，後投入蒙特梭利教育已達33年，為MACS幼兒教育的代表，亦為東雲蒙特梭利兒童之家的園長。赤塚美希子則是畢業於國立音樂大學，在兒童之家從事蒙特梭利教育已有23年。

●中山芳一

岡山大學全方位教育・學生支援機構的副教授。專攻教育方法學。1976年1月出生於岡山縣。致力於大學生的職涯輔導，同時也協助各個世代的孩子，從幼兒乃至國中小生與高中生等，為了提升其非認知能力與後設認知能力而盡心盡力。甚至進一步參與了許多以社會人士為對象的回流教育，並與全日本各地產官學的諸多機構合作，研擬了無數教育計劃。有鑑於9年多來投入學童保育現場的實踐經驗，一直以來都奉「實踐為研究之前提」為宗旨。著作無數，有《活用於家庭、學校與職場！發展自己與他人非認知能力的訣竅》（暫譯，東京書籍，2020年）、《無法以學力測驗來衡量的非認知能力能讓孩子有所成長》（暫譯，東京書籍，2018年）、《新時代的學童保育實踐法》（暫譯，かもがわ出版，2017年）與《溝通實踐入門》（暫譯，かもがわ出版，2015年）等。

【參考文獻】

『学力テストで測れない非認知能力が子どもを伸ばす』中山芳一 著（東京書籍）
『家庭、学校、職場で生かせる！　自分と相手の非認知能力を伸ばすコツ』中山芳一 著（東京書籍）
『「集中」すれば子どもは伸びる！ モンテッソーリ園』（東京書籍）
『お母さんの「敏感期」』相良敦子 著（文春文庫）
『マンガでやさしくわかるモンテッソーリ教育』田中昌子 著（日本能率協会マネジメントセンター）
『モンテッソーリ教育×ハーバード式 子どもの才能の伸ばし方』伊藤美佳 著（かんき出版）
『子どもの力を伸ばす!!じょうずな叱り方・ほめ方』小崎恭弘 監修（洋泉社MOOK）
『モンテッソーリ教育が見守る子どもの学び』松浦公紀 著（学研プラス）

【日文版STAFF】
裝幀　長谷川理
DTP　大島歌織
封面・內文插畫　後藤知江
內文插畫　山根あかり
校對　西進社
柴原瑛美・小野寺美華（東京書籍）
編輯・結構
引田光江（グループONES）、
大勝きみこ
企劃・編輯　金井亜由美（東京書籍）

全腦開發！0～5歲幼兒五感遊戲書
77個居家活動，玩出孩子的自律力×集中力×判斷力
2021年 8 月1日初版第一刷發行
2023年11月1日初版第二刷發行

作　　者　東雲蒙特梭利兒童之家、中山芳一
譯　　者　童小芳
編　　輯　吳元晴
特約美編　鄭佳容
發 行 人　若森稔雄
發 行 所　台灣東販股份有限公司
＜地址＞台北市南京東路4段130號2F-1
＜電話＞(02)2577-8878
＜傳真＞(02)2577-8896
＜網址＞http://www.tohan.com.tw
郵撥帳號　1405049-4
法律顧問　蕭雄淋律師
總 經 銷　聯合發行股份有限公司
＜電話＞(02)2917-8022

國家圖書館出版品預行編目(CIP)資料

全腦開發!0-5歲幼兒五感遊戲書 : 77個居家活動,玩出孩子的自律力X集中力X判斷力/東雲蒙特梭利兒童之家,中山芳一監修 ; 童小芳譯. -- 初版. -- 臺北市 : 臺灣東販股份有限公司, 2021.08
144面 ; 14.8×21公分
ISBN 978-626-304-751-8(平裝)

1.育兒 2.親子遊戲 3.蒙特梭利教學法

428.82　　110010562

P.90的圖案

【使用方式】

用影印紙把圖案印出來，貼在瓦楞紙上，剪下後，再以洗衣夾夾於其上。

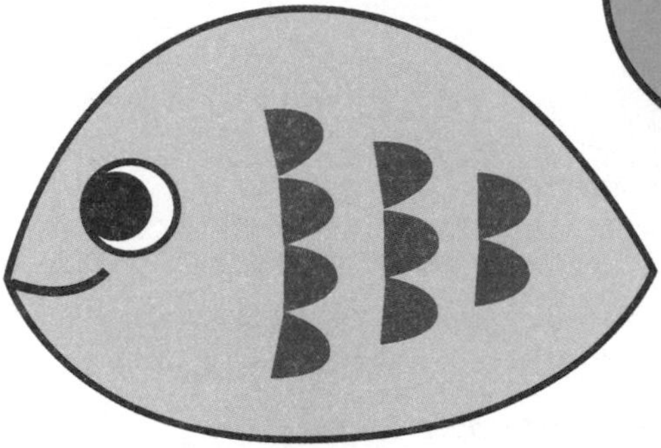

裁切線

※請配合孩子的年齡自由放大圖案，彩色列印出來，再裁剪下來使用。

P.112的底紙

【使用方式】

用彩色圖畫紙把底紙印出來，再於圓圈處貼貼紙。

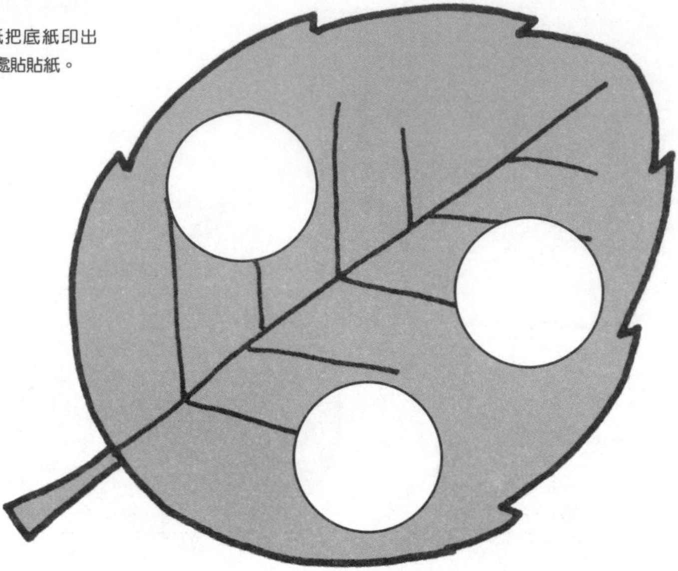

裁切線

【使用方式】 用影印紙把圖案印出來，貼在瓦楞紙上，剪下後，再用毛線纏繞。

P.108的圖案

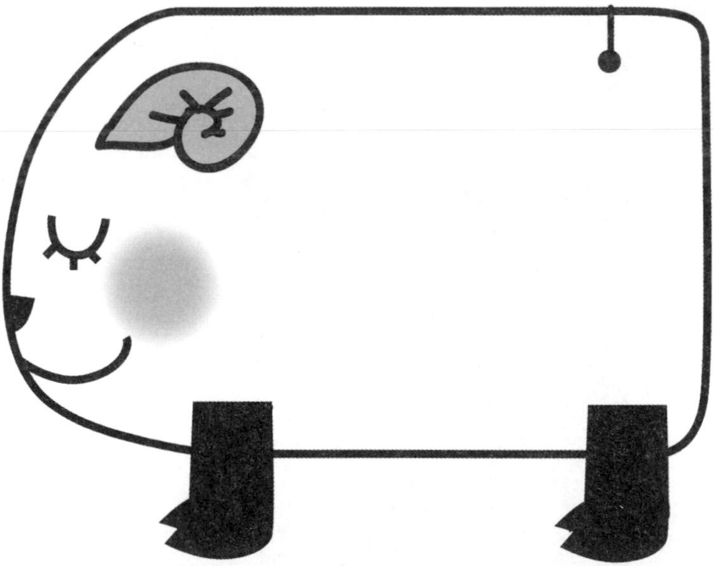

※請配合孩子的年齡自由放大圖案，彩色列印出來，再裁剪下來使用。

【使用方式】 用彩色圖畫紙把圖案印出來，再用其他紙張製成蛇腹，貼在鼻子處。

P.103的圖案

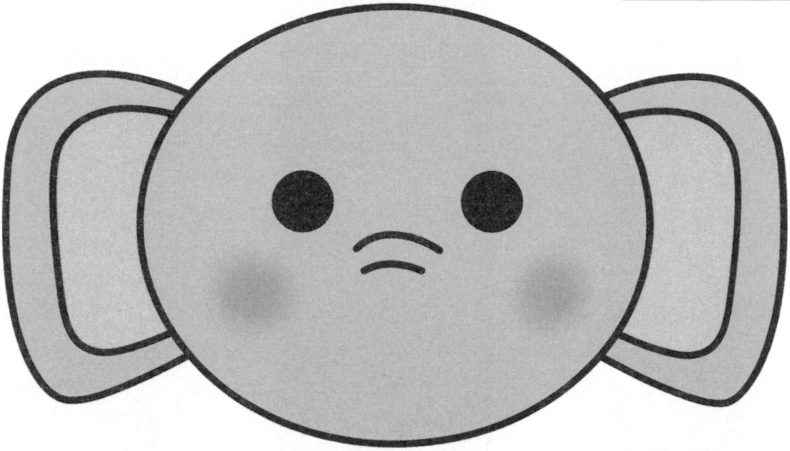

【使用方式】 用彩色圖畫紙把底紙印出來，再準備一些裁剪成與底紙一樣大的三角形彩色圖畫紙（多種顏色），用糨糊自由地貼在底紙上。

P.113的底紙

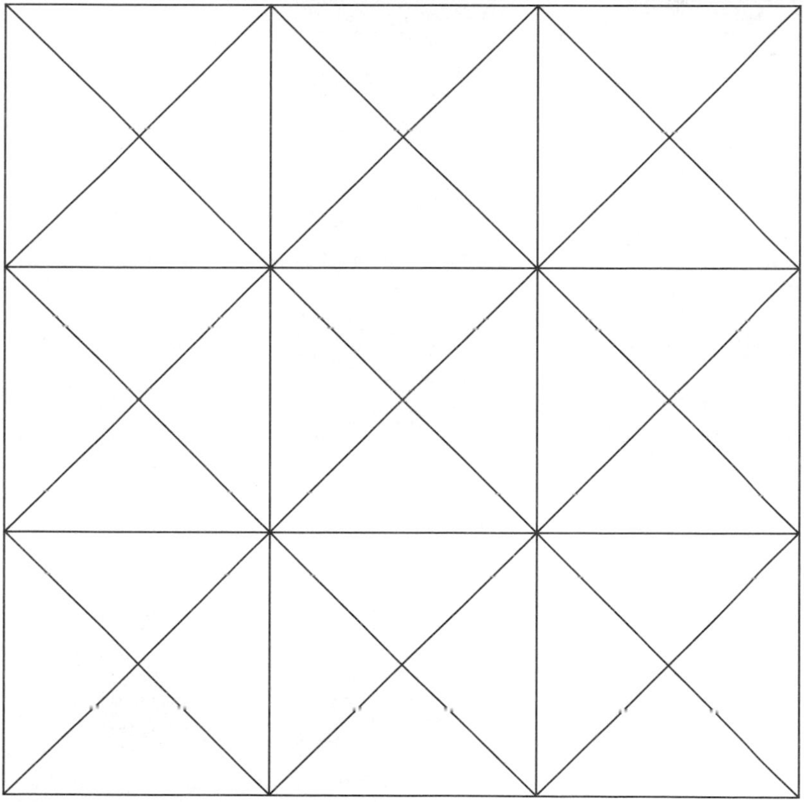

※請配合孩子的年齡自由放大圖案，彩色列印出來，再裁剪下來使用。

裁切線

【使用方式】 用彩色圖畫紙把底紙印出來，於圓點處打洞，用毛線穿過針並打結，在紙上逐一縫線。

P.106、107的底紙

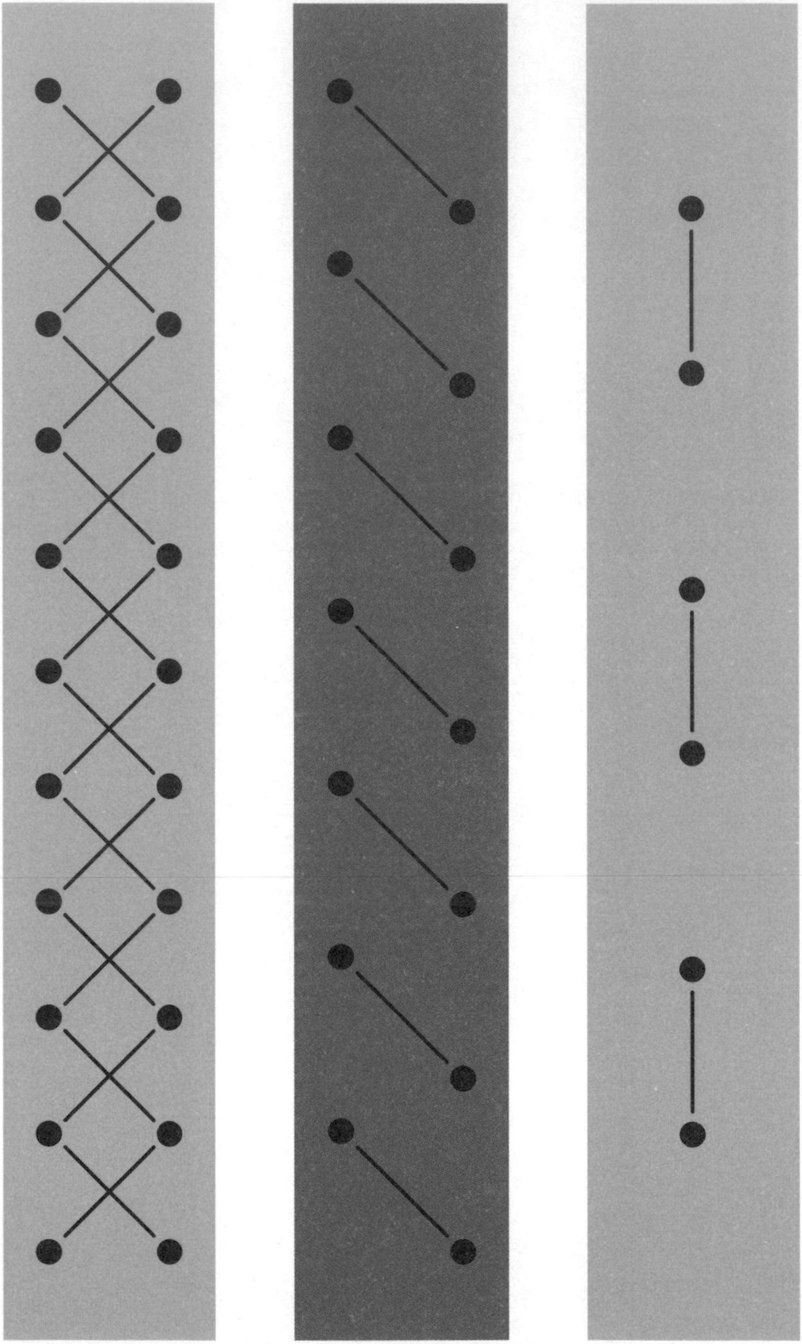

裁切線

※請配合孩子的年齡自由放大圖案，彩色列印出來，再裁剪下來使用。

P.91的圖案

【使用方式】

用彩色圖畫紙把樹木與心型圖案印出來，再用釘書機將愛心一一固定於樹上。

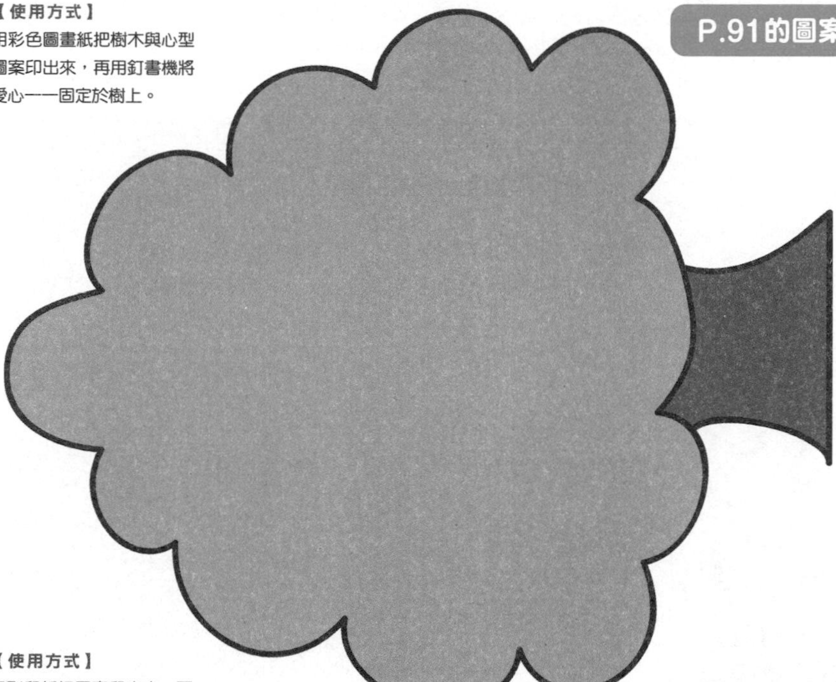

【使用方式】

用影印紙把圖案印出來，再用打洞機在衣服上的淡色圓點處打洞。

裁切線

※請配合孩子的年齡自由放大圖案，彩色列印出來，再裁剪下來使用。

P.111對摺裁剪的圖案

【使用方式】 用影印紙把圖案印出來，摺成4等分，呈蛇腹狀，再用剪刀沿著手以外的部位裁剪。

P.111連續裁剪的圖案

【使用方式】 用影印紙把圖案印出來，對摺後，用剪刀裁剪黑色部位。

裁切線 ✂

P.93的圖案

【使用方式】
用彩色圖畫紙把圖案印出來，用打洞機在黑色圓點處打洞，再一一綁上毛線。

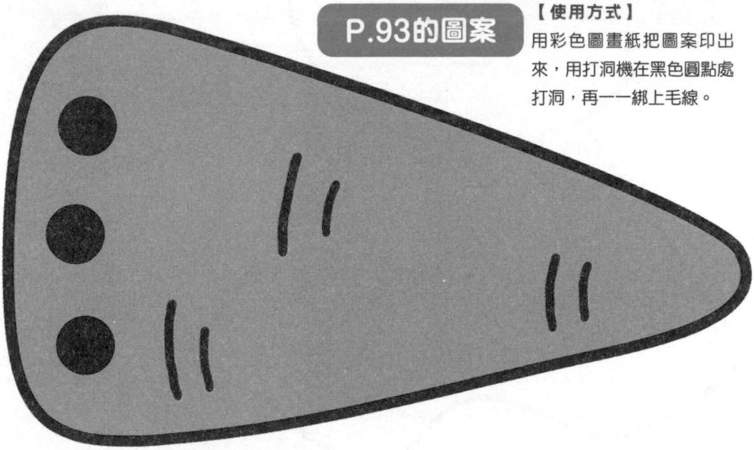

※請配合孩子的年齡自由放大圖案，彩色列印出來，再裁剪下來使用。